LA SCIENCE

DU BIEN ET DU MAL

LA SCIENCE

DU BIEN ET DU MAL

PAR

APOLLONIUS

Γνῶτι σεαυτόν.

Ζῆν κατὰ φύσεως.

Anthropologie. — Cosmologie.
— Organisation. — Hygiène. — Morale. —
Progrès. — Darwinisme.
— Guerre. — Avenir. — Positivisme. —
Ame. — Cerveau. — Vision. —Droit.
— Souveraineté. — Société. —
Liberté.

ROANNE

IMPRIMERIE ROANNAISE

PLACE DE L'HOTEL-DE-VILLE

1875

AVANT-PROPOS

Ceci n'est pas un livre technique ; c'est un
ensemble de réflexions sur les principales
choses de la vie.

Nous ne pouvons pas choisir le pays et le
jour de notre naissance ; mais nous avons
toujours, plus ou moins, le choix de nos actes
et de notre manière de vivre. Ce choix importe avant tout, et s'il résulte de nos instincts
et du milieu où nous sommes nés, il résulte
aussi de nos réflexions, de notre expérience et
d'une infinité de choses dont la connaissance
peut se nommer *le savoir-vivre* ou *la science
du bien et du mal.*

On ne peut pas connaître toutes ces choses ;

nous nous bornerons donc à examiner les principales.

Chacun a sa *manière de voir* et résout à sa façon le problème de la vie.

« Cherchons le plaisir, disent les uns. »

« Domptez vos passions et supportez la douleur, disent les autres. *Abstine et sustine.* »

Selon les chrétiens il faut songer au salut de son âme.

« Nous n'avons point d'âme ; il n'existe pas de Dieu, objectent les matérialistes. *Memento quia pulvis es et in pulverem reverteris.* »

« Aime, rêve, dit un poète. »

« Pense et agis, répond un philosophe. »

« Fais ce que dois, ajoute un moraliste. »

« Enrichissons-nous, concluent certaines gens. »

Il importe de savoir qui a raison et qui a tort : ce sera le but de notre étude.

« Ne nous occupons pas, disait mon oncle, de ce qui se passe au-dessus des nuages ou au-dessous de la terre ; occupons-nous de ce qui a lieu à la surface. »

Pourtant ce qui a lieu à la surface dépend

quelquefois beaucoup de ce qui se produit au-dessus et au-dessous.

Nous parlerons donc un peu de ceci et de cela, du passé, de l'avenir et du présent, du monde visible et du monde invisible , des habitants du soleil et de ceux de la terre.

Les dernières modes ne sont pas nécessairement les meilleures, et les opinions les plus nouvelles ne sont pas nécessairement les plus vraies.

D'après certains savants, Dieu, l'âme, ainsi que la force vitale, ne sont que d'anciennes hypothèses dont la science moderne a fait justice.

Pour prouver que la force vitale n'existe pas, les mêmes savants la comparent à un pilote qui dirige un navire. Si la comparaison qu'ils font était une raison, ce serait une raison précisément contraire à ce qu'ils veulent nous prouver.

On dit aussi que l'âge de la foi est passé. Je trouve, cependant, qu'il existe encore une foi qui devient souvent un vrai fanatisme:

c'est la foi au progrès, à la science, à la matière, aux nerfs, au cerveau.

Nous sommes exposés, aujourd'hui comme autrefois, à bien des erreurs et des mensonges. Quoique la vérité ne soit pas toujours bonne à dire, ni même, peut-être bonne à savoir, nous essayerons de la tirer de son puits, malgré les cris de tous ceux que son miroir offusque.

Roanne, juillet 1875.

LA SCIENCE

DU BIEN ET DU MAL

PAR

APOLLONIUS

I

LES QUESTIONS

Le sphinx est immortel. Toujours il nous propose ses terribles énigmes au sujet de l'animal qui marche le soir sur trois pieds.

Celui-ci, poussé par ses instincts et sa curiosité, voulut un jour connaître les causes des phénomènes, savoir où va l'eau du fleuve, comment les plantes se forment, d'où viennent les nuages, la foudre et les corps lumineux qui parcourent le ciel ; il essaya de faire des instruments pour se défendre et pour battre ses ennemis, et acquit peu à peu des connaissances qu'il sut transmettre à ses descendants.

Quelle est l'origine de cet animal, et quel sera le résultat du progrès de ses connaissances ? Voilà ce que le sphinx demande.

Nos OEdipes modernes répondent que le résultat sera bon et que l'animal, à son origine, était un singe.

Ils veulent tout expliquer ; mais ils ne sont pas d'accord entr'eux et se contredisent souvent eux-mêmes.

La Bible assure que le fruit de la science est mauvais.

Au risque d'être dévoré, je veux aussi donner ma solution.

II

LA PHILOSOPHIE

On ne peut pas affirmer que la science et la
raison soient des choses absolument mauvaises, car c'est l'intelligente et bienveillante nature
qui nous les donne ; mais à côté des vérités et
des biens, elles ont accumulé beaucoup d'erreurs et de maux.

La science n'est pas la fin, le but final ; ce
n'est qu'un moyen, un but transitoire.

Dire qu'elle est bonne ou utile, c'est dire
qu'elle conduit au but final, qui est toujours quelque intérêt, quelque satisfaction, quelque bien.

Si nous savions tout, ou si toutes nos connaissances étaient certaines, et ne nous coû-
taient rien, elles seraient peut-être d'autant plus
utiles qu'elles seraient plus nombreuses, et toute
science serait bonne ; mais nous ne savons pas
tout, nous ne pouvons avoir que des connais-

sances limitées, plus ou moins incertaines, qui ne sont quelquefois que des erreurs, coûtent toujours du temps et du travail, et souvent ne valent pas ce qu'elles coûtent.

Donc, nos connaissances ne sont pas toujours utiles, et il n'est pas toujours bon de chercher à les augmenter.

Il est vrai que tout savoir est recherché pour être utilisé ou appliqué, mais nous n'avons souvent en vue que la science *pure*, c'est-à-dire que nous faisons abstraction de l'application et du but final ; celui-ci alors est tellement sous-entendu qu'il est totalement oublié et manqué.

Ce que les anciens nommaient la *science* ou la *sagesse*, c'était l'ensemble des connaissances humaines avec leur but final, leur application.

Considérant qu'il y avait trop de prétention dans le titre de *savants* ou *sages*, ils adoptèrent celui de *philosophes*, c'est-à-dire *amis de la sagesse*.

Les modernes sont moins modestes, ils veulent être les savants et les sages, ils ont même une science et une philosophie positives.

Autrefois la science était donc la sagesse, la philosophie, le savoir-vivre, la morale ; aujourd'hui, c'est les études, abstraction faite de leur application, les sciences pures ; la philosophie n'en est plus qu'une branche ; la morale n'est plus l'étude des mœurs, c'est un amas de prescriptions et de préceptes plus ou moins respectables et peu respectés.

La sagesse dépend de l'instinct, du bon sens, du jugément, plutôt que de la quantité des connaissances acquises. Sans doute, il faut des observations, des raisonnements, des études, pour connaître la qualité bonne ou mauvaise de beaucoup de choses ; mais la qualité de beaucoup d'autres ne nous est connue que par l'instinct ou l'intuition.

D'ailleurs, le bon sens et le jugement, comme disent fort bien certains positivistes, sont indépendants des acquisitions littéraires et scientifiques.

Il importe à chacun de connaître son intérêt, de savoir vivre, c'est-à-dire d'avoir un peu la science du bien et du mal : nous sommes tous plus ou moins philosophes dans le sens antique.

« Je ne serai jamais philosophe, disait quelqu'un à Diogène. — Malheureux, répondit celui-ci, pourquoi vis-tu, si tu désespères de jamais bien vivre ? »

Les savants modernes, dans ce sens, ne sont pas de grands philosophes ; car ils n'ont guère en vue que les sciences pures, et quand ils les appliquent, ce n'est pas au savoir-vivre, mais à l'industrie, au commerce et aux arts.

Ils semblent travailler avec ardeur à la conquête du parfait savoir et à l'abolition de tous nos maux, comme autrefois on travaillait à la pierre philosophale ou à la tour deBabel pour escalader le ciel.

Ils entreprennent l'étude de faits innombrables, alors que l'intelligence, la mémoire, les forces et la vie d'un homme ne suffisent pas à l'étude du moindre fait.

Ils se livrent à de longs et pénibles travaux pour connaître la marche d'une comète, l'origine des Pyramides, l'anatomie d'un insecte, la production artificielle de quelque matière colorante, la construction d'une arme qui tue les hommes avec économie et rapidité, etc., etc.

Le sage ou philosophe, dans le sens des anciens, ne consacre pas son temps et ses forces à toutes ces particularités, parce qu'il n'y trouve pas un intérêt assez direct et assez positif.

« En réalité, l'ensemble des problèmes à résoudre est infini ; par delà chaque découverte se dresse un nouvel inconnu, derrière chaque fait les autres se montrent en multitude. »

« ..... Ce n'est point la solution de cent-vingt problèmes, si importants qu'ils soient, qui pourront nous donner enfin l'espoir d'avoir maîtrisé la science (1). »

D'ailleurs, si la science est utile à ceux qui la possèdent, elle est fatale à ceux qui ne la pos-

---

(1) Journal *La République Française*, 8 janvier 1875. Feuilleton.

sèdent pas. C'est une armure offensive et défensive, c'est la sagesse et la guerre, c'est l'égide et la lance de la déesse d'Athènes ; l'homme en abuse, il s'en sert pour ravager sa planète, pour exploiter, dévorer ou détruire tout ce qu'il peut atteindre. Il a fait disparaître, par la chasse, la pêche et l'agriculture, d'innombrables familles de plantes et d'animaux, mammifères, oiseaux, reptiles, insectes, qui vivaient dans les vastes forêts primitives. Il a dépeuplé les rivières, les lacs et même les mers. Enfin, c'est contre lui-même qu'il tourne cette armure ; il se sert moins de la sagesse défensive que de la guerre offensive ; il travaille sans cesse à perfectionner les instruments de combat et de mort, et s'il n'a pas encore exterminé ses semblables, il a su, du moins, les asservir.

L'intelligence est d'autant plus parfaite qu'elle comprend plus vite et plus facilement ; les connaissances sont d'autant plus nombreuses qu'elles sont plus vite et plus facilement acquises ; les moyens de les acquérir sont d'autant meilleurs qu'ils exigent moins de temps et de travail.

Il y a donc dans le nombre et la grosseur des livres un vice croissant, contraire à l'acquisition et à l'augmentation des connaissances.

Ce vice est aujourd'hui devenu une difficulté insurmontable. L'oubli nous fait perdre autant d'anciennes connaissances que l'étude nous en procure de nouvelles. Les bibliothèques de l'Europe contiennent ensemble plus de dix millions de volumes ; il faudrait à un homme, lisant un volume par jour, plus de vingt-sept mille ans pour les lire tous, et tous ces livres ne sont rien auprès du grand livre de la nature.

Les connaissances humaines ne peuvent se réunir que dans la mémoire de chaque individu.

Quand on parle de l'état « actuel » de la science, on semble espérer qu'elle accomplira bien d'autres « merveilles. » Elle progresse, il est vrai, mais quels qu'en soient les progrès, elle sera toujours absolument impuissante à perfectionner l'homme et les êtres vivants. Elle ne peut que retarder la décadence et l'extinction inévitable de notre espèce, si même elle n'accélère pas cette décadence. Il est dangereux de croire qu'elle soit supérieure à l'intelligence de la nature.

On dit que « nous ne pouvons dompter la nature qu'en obéissant à ses lois. » Autant vaut dire que nous ne pouvons pas du tout la dompter.

En supposant qu'un jour nous puissions, par exemple, décupler notre taille et la durée de notre vie, détruire ou transformer les espèces, changer la disposition des mers et des continents, modifier la composition de l'atmosphère, redresser l'axe de la terre sur son orbite, nous emparer de la lune, etc., que résulterait-il de tout ce bouleversement? Une augmentation de bien-être? La création d'un type supérieur? Hélas! non ; ce serait un désastre total, l'écroulement de la tour de Babel sur ses constructeurs.

La sage Nature, pour mettre des bornes à nos méfaits, a mis des bornes à notre intelligence, à notre science et à nos forces.

III

LE CORPS ET L'AME

> *Druides.....: In primis hoc volunt*
> *persuadere, non interire ani-*
> *mas sed ab aliis post mortem*
> *transire ad alios : atque hoc*
> *maximè ad virtutem excitari*
> *putant, metu mortis neglecto.*
> (*Cæsar. De bello gallico.*
> *Liber VI*)

Vivrons-nous ou ne vivrons-nous plus après la mort ? A cette question bien des gens répondent : « Peu nous importe. » Mais c'est la plus grave des questions scientifiques et il est facile de prouver qu'elle se rattache plus que toute autre à nos intérêts.

Il est une philosophie *matérialiste*, et soi-disant *positive*, que l'on répand comme une peste sur les générations modernes.

Je dis d'abord que rien ne justifie ce titre de

positive qu'on lui donne gratuitement. *Positive* signifie *certaine*, s'attribuer une telle philosophie c'est prétendre savoir tout.

« Il n'y a de réel et de permanent que les corps, disent les matérialistes ; l'esprit, les sensations et les idées ne sont que les effets, les propriétés de la matière organisée et n'existent pas sans le cerveau. L'âme n'est donc qu'une hypothèse inutile. »

Avant d'admettre ces affirmations il faudrait au moins en définir les objets, savoir de quoi il s'agit.

Qu'est-ce que les corps ? Qu'est-ce que la matière organisée? Qu'est-ce que le cerveau ? Qu'est-ce que l'esprit, les sensations et les idées ?

« La matière, dit-on, c'est ce qui produit sur nos organes un certain ensemble de sensations déterminées. » (1)

Mais nos organes sont de la matière ; on ne peut donc pas définir la matière par nos organes. D'ailleurs il faudrait auparavant définir nos sensations.

« La matière organisée a une structure..... La structure est le caractère le plus important de la matière organisée... Il faut y attacher l'idée de fonction, d'usage... La structure con-

(1) On trouve la plupart de ces propositions et définitions dans le dictionnaire de médecine de MM. Littré et Robin.

siste en ce que les corps organisés sont composés de parties de diverses natures. »

Conformément à cette prétendue définition, un morceau de granit serait un corps organisé, car il est composé de parties de diverses natures.

On dit encore que les caractères distinctifs des corps organisés ou vivants sont la *nutrition* et l'*irritabilité*.

Mais la nutrition n'est qu'un accroissement et l'irritabilité n'est que la mobilité. S'il n'y avait entre les corps vivants et les corps bruts d'autre différence qu'un certain accroissement ou une certaine mobilité nous ne pourrions pas distinguer ces corps.

Dire que la matière vivante et organisée est celle qui possède les sensations et les idées, c'est répondre à la question par la question.

Qu'est-ce donc qu'une philosophie positive qui ne démontre pas ce qu'elle affirme et ne sait pas même définir les choses dont elle parle ?

Des matérialistes qui ne savent pas définir la matière, des physiologistes qui ne savent pas définir l'organisation, qui d'ailleurs avouent qu'ils ignorent la nature intime des corps, de la vie, des forces, de la pesanteur, de la chaleur, de l'électricité, des affinités chimiques, comment peuvent-ils prouver que le cerveau soit la chose qui pense, qu'il n'existe rien de réel et de permanent que les corps et que l'âme ne soit qu'une hypothèse inutile ?

IV

Nous nommons *corps* ou *matière* ce qui possède l'étendue, la forme, la résistance, la couleur, le bruit, la température, l'odeur, la saveur, le mouvement.

Qu'est-ce qu'un corps sans résistance, sans forme, sans étendue, etc ? — Rien.

Les corps ne sont donc rien de plus que l'ensemble de leurs propriétés.

Mais il n'y a plus de bruit quand nous bouchons nos oreilles, plus de couleurs quand nous fermons les yeux, plus de tact quand nous ne touchons rien. La résistance, d'ailleurs, n'est que le tact, l'étendue et la forme ne sont que des idées résultant du tact et de la couleur, le mouvement n'est que le souvenir d'un changement de forme ou de place

La matière et les corps ne sont donc rien de plus que des composés de nos sensations et de nos idées, et n'existent pas quand nous ne sentons et ne pensons rien.

La cause de nos sensations est donc la cause de la matière, mais n'est pas la matière.

Les propriétés des corps dits *réels* sont de même espèce que celles des corps que nous voyons dans les hallucinations et les songes. Les premiers n'ont pas plus de *substratum* ou substance que les seconds ; les uns comme les autres ne sont que des phénomènes psychiques, des apparences.

On ne manquera pas de faire l'objection suivante : « Comment se fait-il que plusieurs individus puissent voir le même objet si ce n'est qu'un phénomène de l'imagination ? »

Dire que plusieurs individus voient le même objet, ce n'est qu'une manière de parler ; il n'y a pas un seul objet pour plusieurs individus, il y en a un pour chacun, et personne ne voit celui des autres.

La substance et l'unité des corps ne sont qu'une illusion produite par la similitude et la simultanéité des sensations chez les divers individus.

Et cette similitude est la seule différence qui distingue les corps réels de ceux des hallucinations et des songes.

« Si la couleur, la forme, le mouvement, etc., dira-t-on encore, sont des sensations et des propriétés de l'âme, il faut conclure que l'âme possède toutes les propriétés des corps et qu'elle en est un. »

Les propriétés des corps appartiennent bien à l'âme, mais ne la constituent pas.

Les corps sont ce qui est vu, touché, senti et pensé. Donc ce qui voit, touche, sent et pense n'est pas un corps. L'âme n'est donc pas une hypothèse inutile.

V

Voici quelques raisonnements des grands
maîtres du matérialisme.

« Nous connaissons le corps par ses qualités
sensibles, par la façon dont il est affecté, et
l'esprit par ses sentiments, ses pensées, ses
volontés : au delà nous ne pouvons absolument
rien connaître. La notion d'une substance
distincte de ses attributs est tout simplement
incompréhensible. Imaginer qu'il existe un
substratum, quelque chose qui diffère des attributs et les supporte, c'est faire une supposition arbitraire. Tout ce qui affecte l'esprit,
étendue, résistance, etc., est un attribut. La
substance, dit M. Bain, est l'ensemble des
attributs les plus durables et essentiels. La
substance de l'or c'est sa dureté, sa couleur,
son éclat, etc. ; supprimez ces qualités il n'y a
plus d'or. De même la substance de l'esprit

n'est rien de plus que l'ensemble des facultés ou qualités (sensibilité, volonté, pensée) qui le constituent. «. L'hypothèse d'un *moi* dans lequel seraient contenues ces facultés est une fiction, le produit d'une illusion. » La qualité essentielle, permanente de toute matière, voilà la substance. La matière elle-même n'est rien de plus pour nous que la résistance et la force, c'est-à-dire ce qui résiste et transmet le mouvement. Matière et force sont deux mots, un mot concret et un mot abstrait, pour désigner un seul et même fait. Point de force sans matière, point de matière sans force. La force n'est que la matière en mouvement, propageant le mouvement ou s'opposant au mouvement. L'étendue, la visibilité, la tangibilité, ne peuvent servir à définir la matière, car l'étendue appartient aussi à l'espace vide, et les deux autres qualités, pour être le propre de beaucoup de substances matérielles, sont étrangères à quelques-unes. »

« ...... Les forces mécaniques, chocs, etc., convertis en forces moléculaires, se transforment en chaleur, lumière, électricité, etc....... Dans toutes ces conversions aucune force ne périt... L'indestructibilité de la matière incréée et, partant, de la force par laquelle la matière se révèle à nous, paraît devoir s'en déduire (1). »

(1) Journal *La République Française*, 30 avril 1875. MM. Bain, Spencer, Stuart Mill.

Que la substance de l'esprit ne soit « rien de plus que l'ensemble des facultés ou qualités qui le constituent, » c'est incontestable ; mais ajouter comme conclusion : « L'hypothèse d'un *moi* dans lequel seraient contenues ces facultés est une fiction, le produit d'une illusion ; » c'est un singulier raisonnement pour des professeurs de logique.

Les facultés qui constituent l'esprit sont contenues dans leur ensemble qui est l'esprit ; un *moi* dans lequel ces facultés seraient contenues serait aussi l'esprit, et non pas une hypothèse, une fiction, une illusion.

Vous niez l'existence du *moi* et, en ouvrant la bouche, vous l'admettez comme une chose incontestable et incontestée. « Nous connaissons, dites-vous..., etc.; » or, *nous* c'est vous et *moi* ; si le *moi* n'existait pas, vous ne pourriez pas dire que *nous* connaissons quelque chose, et il n'y aurait pas de différence entre mes sensations et les vôtres, en supposant qu'il y eût des sensations.

Multiplier les mots et les synonymes, c'est fatiguer l'intelligence et troubler les idées.

On a beau être positiviste, on n'est pas infaillible, et l'on s'égare à travers le sens des mots : esprit, âme, intelligence, impression, affection, révélation, substance, substratum, sensibilité, identité, faculté, attribut, espace, temps, durée, etc.

On veut démontrer que les facultés, qualités et attributs essentiels de l'esprit ne sont que des phénomènes passagers, des effets fugitifs de la force matérielle, que, par conséquent, l'esprit lui-même n'est aussi qu'un effet passager de cette force, et enfin, que la matière est seule la substance incréée, permanente, indestructible.

« La qualité essentielle, permanente, dit-on, de toute matière, voilà la substance. »

Mais la matière n'a pas de qualité permanente, puisqu'elle n'est « rien de plus que la résistance » et que d'ailleurs la résistance, l'étendue, la couleur, etc., ne sont rien que des « attributs qui affectent l'esprit, » c'est-à-dire des affections, des sensations, des idées. La matière n'existe donc plus aussitôt que l'esprit cesse d'être affecté.

Sans doute la substance de l'esprit n'est que l'ensemble de ses attributs ; mais si les sensations et les idées sont passagères, la *sensibilité* est permanente. D'ailleurs, il ne faut pas croire que nous puissions connaître la sensibilité comme nous connaissons les sensations, et connaître la mémoire et la pensée comme nous connaissons les idées.

Si l'on donne le nom de *substance* à ce qui est absolument permanent, ce n'est donc pas à la matière que ce nom peut convenir, mais à l'esprit seul.

Le bonheur et le malheur, les sensations et les idées ne sont que des phénomènes, des manifestations passagères et quelquefois absentes de l'esprit ou moi permanent dont les attributs essentiels nous sont inconnus.

Les attributs et la substance de la matière et des objets *réels* ne sont pas plus permanents que les attributs et la substance des objets que nous voyons dans les hallucinations et les songes. Ce n'est tout qu'affections passagères de l'esprit.

« La matière, dit-on, est due à la résis tance, et la résistance, au mouvement. »

Mais le mouvement est dû à la mémoire, ce n'est que la comparaison d'un souvenir à une idée présente. Il n'y a donc pas de mouvement, pas de résistance, pas de matière sans la mémoire, la pensée, l'esprit, le moi, l'âme.

Pour la vérité, il faudrait dire :

« Nous connaissons les corps par leurs qualités sensibles, par la façon dont ils affectent l'esprit ; au-delà, nous ne pouvons absolument rien y connaître. Imaginer, en dehors de l'esprit, un *substratum*, quelque chose qui diffère de ces qualités sensibles, de ces affections, et qui les supporte, c'est faire une supposition arbitraire. Tout ce qui affecte l'esprit, étendue, résistance, etc., en est une affection. La substance de l'or, c'est sa dureté, sa couleur, son éclat, etc, ; supprimez ces affections de l'esprit, il n'y a plus d'or. »

Vivrons-nous encore dans le vaste avenir ?
Voilà ce qui nous importe et ce que nous vous
demandons. Vous tergiversez, vous ergotez,
vous discutez sur la manière dont nous vivons
et avons vécu, sur le caractère de nos attributs,
vous voulez expliquer que nous ne sommes pas
des âmes, des *moi*, des personnes, mais des
esprits, des intelligences, des cerveaux, des
impressions, des souvenirs, des illusions, etc.
Vous finissez par dire que nous n'existons pas
et que nous cesserons d'exister. Je dis, moi,
que votre logique, votre philosophie et votre
science ne sont pas positives, mais pitoyables.

VI

LE CERVEAU

L'un des principaux articles de foi des matérialistes, c'est que « les nerfs transmettent les *impressions* au cerveau. »

Ici encore ces philosophes, qui prétendent ne rien admettre sans démonstration, s'abstiennent de définir les mots et les choses. Ils ne disent pas clairement ce que c'est que l'impression, la sensation, la perception, l'idée, la transmission, etc.; dès lors, quelles démonstrations peuvent-ils donner?

« L'observation prouve, disent-ils, que la transmission est opérée par le tube nerveux, du point impressionné à un point du cerveau, et que cette transmission peut être interrompue par une ligature..... »

Sans le raisonnement, l'observation ne prouve

rien, et quelquefois nous fait voir, comme dit Lafontaine, un animal dans la lune.

Les nerfs ne transmettent aucune sensation.

Les sensations ne sont pas des choses qui se puissent transmettre ou transporter d'un lieu dans un autre.

On peut bien, par exemple, supposer une sensation au doigt et une autre au cerveau, c'est-à-dire deux sensations successives ou simultanées, mais on ne peut pas admettre que l'une ou l'autre soit transmise, transportée ou changée de place.

« L'observation prouve, disent les mêmes philosophes, que le cerveau est doué de la propriété de pensée et de sensation. »

Mais la transmission suppose que les impressions ou sensations appartiennent aux corps extérieurs *avant* d'être transmises au cerveau ; celui-ci ne possède donc pas exclusivement la propriété de sensation.

Si la sensation que nous ressentons au doigt est transmise au cerveau, c'est qu'elle se produit et appartient au doigt avant de se produire et d'appartenir au cerveau.

L'observation, dans la philosophie positive, prouverait-elle tout à la fois le pour et le contre?

L'objet que nous touchons est à la place où nous recevons la sensation de tact. Si l'on admet que cette sensation est dans le cerveau, il faut conclure que l'objet y est aussi, et, par conséquent, que tous les objets y sont.

Si l'on admet que la pensée est le mouvement du cerveau, il faut admettre que la pensée appartient à tous les corps, puisqu'ils ont tous leurs mouvements.

Du reste, on ne peut pas alléguer l'organisation avant de l'avoir définie.

Il est vrai que le cerveau se fatigue et fonctionne quand *nous* pensons, mais on ne peut pas en conclure que ce soit l'organe qui pense; car il ne fonctionne jamais seul.

Pourquoi n'admettrait-on pas que ce sont les poumons, le sang, le cœur, les intestins qui pensent, puisque ces organes sont indispensables aux fonctions du cerveau? Pourquoi la sensation et la pensée n'appartiendraient-elles pas à l'oxigène, au calorique ou à l'électricité, puisque ces corps sont nécessaires au fonctionnement de tous nos organes?

Les mouvements du cerveau correspondent bien à la pensée de quelqu'un, mais ne sont pas la pensée.

Lorsqu'on voit se mouvoir l'aiguille d'un télégraphe, on peut bien admettre que cette aiguille produit des sensations et correspond à la pensée de quelqu'un, mais non pas qu'elle pense ou que ses mouvements soient ses idées.

La philosophie positive se vante de connaître

la constitution intime de l'organisme ; qu'elle explique donc les hallucinations et les songes, les idées, l'imagination et la mémoire.

Elle se borne à dire que ce sont des « modifications du cerveau, des perceptions qui naissent dans le trajet des nerfs. »

Ce n'est point là une explication.

Ou bien toutes les perceptions ou pensées ne naissent pas dans le cerveau, et alors elles naissent et sont autre-part, ou bien elles naissent toutes et sont toutes dans le cerveau, mais alors rien n'existe hors du cerveau et de l'imagination, tout n'est que songe, hallucination, idée, et l'univers c'est ma tête.

L'erreur des matérialistes vient de ce qu'ils prennent le cerveau pour l'esprit, pour l'âme, la machine pour le mécanicien, l'aiguille du télégraphe pour la personne qui la dirige, le livre pour l'auteur, les sensations et les idées, manifestations passagères du moi permanent, pour le moi lui-même.

Ils disent encore que les idées sont des images.

En effet, elles sont souvent des images.

Mais l'image de ce que l'on voit est une chose que l'on voit, l'image de ce que l'on touche est une chose que l'on touche, l'image d'une forme est une forme, l'image d'un mouvement est un mouvement, l'image d'un bruit est un bruit, et l'image d'un corps ne saurait être qu'un corps. Certaines idées sont donc des corps. Et si l'on dit qu'elles sont dans le cerveau, il faut conclure que cet organe contient tout l'univers, car l'image de l'univers ne peut être que l'univers.

D'ailleurs, les idées étant les images des corps, les corps sont les images des idées. Celles-ci étant un phénomène mental, ceux-là sont également un phénomène mental.

Cette conclusion est confirmée par l'observation des songes, où les propriétés essentielles des objets sont la couleur, la forme, le bruit, le mouvement, etc., tout comme dans les objets réels.

On dit habituellement que la tête est le « siége » de l'intelligence.

L'intelligence n'a pas de siége.

La place que l'on attribue aux sensations n'est qu'une idée plus ou moins confuse qui s'y rattache ; ce n'est que la place d'un corps plus ou moins réel ; les sensations n'ont point de place véritable.

Celles, par exemple, que nous croyons ressentir *dans* un bras amputé ne sont ni dans ce bras, ni dans les nerfs, ni dans le cerveau. Celles que nous avons pendant les songes, et que nous croyons avoir *dans* nos membres, ne sont évidemment pas dans le lieu que nous croyons, puisque nos membres eux-mêmes n'y sont pas.

« L'observation prouve, dit-on, que la pen-

sée n'existe pas sans le cerveau, et qu'un animal mort ne pense plus et n'existe plus. »

L'observation peut bien prouver que la
pensée existe *avec* le cerveau ; mais comment
peut-elle prouver que la pensée n'existe pas
sans cet organe ? A quoi peut-on reconnaître
la présence ou l'absence de la pensée ? Comment sait-on si elle appartient au même individu ou à un autre ? Quelle différence y a-t-il
entre les corps animés et les corps inanimés ?

Pour bien répondre à ces questions et savoir
ce que l'observation peut prouver, il faudrait
avoir défini les corps, la pensée, la vie, l'organisation, etc., et c'est ce que l'on n'a pas fait.

Un animal mort n'est pas un animal ; ce
n'est qu'un débris d'organes, un instrument
abandonné qui ne pense et ne sent rien, parce
qu'il n'a jamais rien pensé ni rien senti.

Les positivistes cherchent l'âme, les sensations, l'esprit et les idées dans le cerveau ; ils
dissèquent, fouillent, emploient le microscope
et la photographie, font des analysee chimiques,
donnent des noms grecs et latins, expérimen-
tent, vivisectionnent et torturent sans pitié de
pauvres animaux ; mais ne voyant qu'un mécanisme toujours inconnu, ils concluent que c'est
le mécanisme qui pense, que ses mouvements
sont ses idées et que l'observation leprouve.

« Il n'y a pas longtemps, disent-ils, que,

selon les médecins, le sommeil était dû à une congestion du cerveau, ou tout au moins coïncidait avec cette congestion. Les recherches récentes des physiologistes ont fait justice de de cette singulière hypothèse (1). »

Qu'est-ce qui prouve que la philosophie dite positive ne soit plus aujourd'hui fondée sur de *singulières* hypothèses ?

« Aujourd'hui, à la fameuse question : Pourquoi l'opium fait-il dormir? Nous pouvons répondre : Parce qu'il contient narcéine, morphine, codéine. Mais pourquoi ces substances font-elles dormir? Il nous faut encore dire : *Quia habent*..... » (Ibidem)

Vous ne savez pas pourquoi l'opium fait dormir, vous ne connaissez donc pas l'organisme, les propriétés des nerfs et du cerveau. Comment pouvez-vous alors savoir si la pensée *est* une propriété du cerveau ?

Si la philosophie a fait des progrès, ce n'est ni en clarté ni en laconisme. Les philosophes modernes semblent même rechercher les longs discours, les mots et les phrases difficiles à définir et à comprendre. Comme l'alouette de la fable allemande, ils s'élèvent bien haut pour qu'on ne les entende pas.

« Ce que l'on conçoit bien s'énonce clairement, a dit Boileau. »

(1) Journal *La République Française*, 27 avril 1875.

Donc, ce qui ne s'énonce pas clairement c'est ce que l'on ne conçoit pas bien.

· Voici un échantillon de philosophie matérialiste terminé par une contradiction.

« Le centre nerveux ou l'élément central, dit-il dans son rapport sur les progrès de la physiologie générale, est une cellule nerveuse dans laquelle l'action sensitive se transforme en action motrice. Dans le cas de sensibllité inconsciente, cette transformation a lieu directement comme si la sensibilité se réfléchissait en motricité. C'est pourquoi on a appelé ces sortes de mouvements involontaires et nécessaires des mouvements réflexes. Dans le cas de sensibilité consciente, il existe entre la sensation et le phénomène moteur volontaire d'autres phénomènes nerveux d'ordre supérieur, qui ont leurs conditions de manifestation dans des éléments contraires spéciaux. Les centres nerveux élémentaires conscients n'existent que dans le cerveau ; dans toutes les autres parties du corps ces centres nous paraissent inconscients. Ce qui, à la première vue, paraît impossible, c'est de comprendre comment la sensibilité, d'abord inconsciente, peut devenir consciente. La sensibilité inconsciente, la sensibilité consciente et l'intelligence sont des facultés que la matière n'engendre pas, mais qu'elle ne fait que manifester. C'est pourquoi ces facultés se développent et apparaissent par une évolution

ou une sorte d'épanouissement naturel, à mesure que les propriétés histologiques nécessaires apparaissent (1). »

Admettre des centres conscients c'est d'abord
du pur matérialisme ; mais dire ensuite que la
matière n'engendre ni l'intelligence ni la sensibilité c'est du spiritualisme, et soutenir ailleurs que la pensée et la sensation sont des
propriétés ou des produits du cerveau, comme
la contractilité est une propriété des muscles,
c'est une contradiction.

L'observation prouve, du reste, que le cerveau
est complètement insensible au tact, à la chaleur, à la lumière etc. Comment peut-il donc
exister des sensations dans le cerveau ?

(1) Journal *Le Temps*, 25 mai 1875. Feuilleton scientifique. Claude Bernard.

VII

LA VISION

La vision est un phénomène dont l'explication est aussi importante pour la philosophie que pour la physiologie.

Voici ce qu'on dit au sujet de la vision :

« La rétine est une membrane destinée à recevoir l'impression de la lumière et à la transmettre au cerveau par l'intermédiaire du nerf optique..... » (1)

« Le renversement des images dans l'œil a beaucoup occupé les physiciens et les physiologistes, et de nombreuses théories ont été proposées pour expliquer comment il se fait que nous ne voyons pas les objets renversés. »   -

« Les uns ont admis que c'est par l'habitude

(1) Physique de Ganot.

et une véritable éducation de l'œil que nous voyons les objets redressés, c'est-à-dire dans leur position relative par rapport à nous. »

« D'autres pensent que nous rapportons le lieu réel des objets dans la direction des rayons lumineux qu'ils émettent, et que ces rayons se croisant dans le cristallin, l'objet paraît droit. Telle était l'opinion de d'Alembert. »

« Müller, Wolkmann et autres soutiennent que, comme nous voyons tout renversé et non pas uniquement un objet parmi d'autres, rien ne peut paraître renversé parce que nous manquons alors de terme de comparaison. »

« Il faut avouer qu'aucune de ces théories n'est bien satisfaisante. »

. . . .

« Vue simple avec les deux yeux. »

« Lorsque les deux yeux se fixent sur un même objet, il se forme sur chaque rétine une image, et cependant nous ne voyons qu'un objet. »

« Taylor et Wollaston ont émis l'opinion, pour expliquer la vue simple avec les deux yeux, que deux points homologues de droite et de gauche, sur les deux rétines, correspondent au même filet nerveux cérébral de droite et de gauche, bifurqué à l'entrecroisement des deux nerfs optiques. »

« M. Brewster attribue l'unité de sensation à l'habitude que nous acquérons de rapporter à un même objet les impressions simultanées produites sur les deux rétines. »

Ces explications, en effet, ne sont pas satisfaisantes.

Celles qui allèguent l'habitude, l'éducation de l'œil, reviennent à dire que nous voyons les objets simples et droits parce que nous avons l'habitude de les voir doubles et renversés.

Ce qui est clairement absurde.

D'ailleurs, les jeunes animaux, tels que les agneaux et les poulets, voient, dès leur naissance, les objets simples et droits. Où donc auraient-ils pris l'habitude en question ?

Ce que soutiennent Müller, Wolkmann et autres n'est pas une explication, c'est une double contradiction.

Car il s'agit ici de ce qui paraît à la vue et qui n'est pas autre chose que ce que nous voyons.

Par conséquent, dire que rien ne *paraît* renversé parce que tout *est vu* renversé, c'est dire que rien n'est vu rénversé parce que tout est vu renversé. Première condradiction.

Ensuite les choses ne sont vues *renversées* qu'autant que nous avons un terme de comparaison.

Par conséquent dire que nous voyons tout renversé et que nous manquons de terme de comparaison, c'est dire que nous avons et que nous n'avons pas de terme de comparaison. Seconde contradiction.

2.

Pour juger du renversement des objets que l'on voit, l'on a pour terme de comparaison les objets que l'on touche.

Quant à dire que nous rapportons le lieu réel des objets dans la direction des rayons qu'ils émettent, c'est répondre à la question par la question ; car il s'agit précisément d'expliquer comment il se fait que, l'image des objets étant sur la rétine, nous les voyons ou en rapportons le lieu dans certaine direction.

Enfin, dire que les images tombent sur des points correspondants ou homologues des rétines, ce n'est pas expliquer la vue simple avec les deux yeux ; car si l'on ne comprend pas comment deux images restant séparées peuvent donner une seule vision, on ne le comprend pas davantage lorsqu'on a dit que ces images sont homologues et même reliées par un nerf bifurqué.

Cependant, nous lisons dans un gros livre écrit par les positivistes :

« Tous les phénomènes de l'organisme sont la manifestation, l'effet de la matière organisée... La pensée n'existe pas sans le cerveau, comme la contractilité sans les muscles... On connaît aujourd'hui les propriétés élémentaires des nerfs... L'observation fait connaître que le cerveau est doué de la propriété de pensée... Nous n'admettons pas d'âme, de principe vital, pour expliquer l'organisme, dont nous connaissons la constitution intime et les propriétés élémentaires. »

De pareilles affirmations sont évidemment la promesse de résoudre la question qui nous occupe.

Mais, hélas ! la réponse du gros livre est une déception.

« Les efforts faits par les savants, dit-il, pour expliquer physiquement le phénomène de la vision, ne méritent pas mention. »

« La vision est due à la disposition de la partie du cerveau qui perçoit. »

La philosophie positive gagnerait beaucoup à expliquer positivement cette disposition du cerveau. Mais elle préfère dédaigner. C'est plus facile.

Des physiologistes philosophes, disant que l'explication de la vision ne mérite pas mention valent des astronomes qui diraient que les mouvements du soleil ne méritent pas mention.

Au lieu de répondre par une pareille tergiversation, il vaudrait mieux avouer que l'on ne sait pas.

Mais, ne sachant pas expliquer un phénomène tel que la vision, on a tort de se vanter de connaître la constitution intime de l'organisme, les propriétés élémentaires des nerfs et du cerveau, et de pouvoir expliquer la pensée sans admettre l'âme.

Tous ceux qui ont essayé de résoudre la quesion de la vision, ont commencé par admettre les principes du matérialisme et la transmission des impressions au cerveau, et tous ont échoué, parce que ces principes sont faux, parce qu'il n'y a pas de transmission d'impressions.

La vision n'est explicable que par le *spiritualisme*.

Comment se fait-il que les objets, que nous voyons au moyen d'une image double et renversée, qui est dans les yeux, sont vus cependant hors des yeux, simples et redressés ?

Voilà ce qu'il s'agit de savoir.

Si l'on commence par admettre que l'impression, la sensation, la perception, a lieu *sur* la rétine ou *dans* le cerveau, il devient impossible d'admettre que nous puissions voir des objets extérieurs, car ceux que nous voyons ne sont autre chose que ceux de la vision

Si la sensation était *sur* la rétine, nous verrions tout *sur* la rétine et rien ailleurs ; si la perception était *dans* le cerveau, rien ne serait aperçu en dehors du cerveau.

Les objets sont vus extérieurs, simples et droits, parce que nous n'avons aucune impression, sensation, vision ou perception *sur* la rétine ou *dans* le cerveau, et que le lieu de cette vision n'est autre que celui que nous attribuons aux objets.

Les choses que nous voyons ne sont pas celles

que nous touchons, les unes ne sont pas les images des autres. D'ailleurs, elles ne sont pas plus réelles les unes que les autres.

On s'imagine que l'esprit est un petit animal enfermé dans la boîte du crâne, et que là il a besoin, pour connaître les objets extérieurs, de lire une correspondance télégraphique dont les nerfs sont les fils ; car, malgré les « fenêtres », le petit animal ne peut rien voir au dehors.

Il y a bien des objets extérieurs, mais le monde extérieur est une absurdité. Il n'y a qu'un monde réel, qui n'est ni extérieur ni intérieur. L'extériorité n'est qu'une idée résultant de la comparaison des corps entre eux. Quant au monde imaginaire, il faudrait, pour qu'il fut intérieur ou extérieur, qu'il fut un corps et non un monde. Du reste, rien n'est intérieur ou extérieur à l'esprit, parce que l'esprit n'est pas un corps.

VIII

SONGES ET RÊVERIES

En sortant de leur source immatérielle, les sensations et les idées sont à peu près correspondantes et semblables chez les divers individus, et constituent alors ce qu'on nomme le monde *réel*. Mais, une fois produites, elles se continuent, et se reproduisent plus ou moins vivement, s'enchaînent, cessent d'être correspondantes, deviennent particulières à chacun, et constituent des objets imaginaires, un monde idéal.

Pendant les songes, nous oublions le monde réel, et ne trouvant à sa place que son reflet, sa reproduction, son image, nous prenons cette image pour le modèle.

Celui-ci, quoique nommé *réel*, n'est pas moins idéal que celle-là.

La rêverie se distingue du songe en ce que, dans la rêverie, nous n'oublions pas le monde réel.

Il n'y a pas d'âme sans corps, car aussitôt que l'âme pense, ses pensées forment des corps, parmi lesquels elle peut s'en attribuer un plus particulièrement.

Il n'y a pas non plus de corps sans âme, parce que tout corps se rattache ou appartient à l'âme qui l'aperçoit.

IX

L'ÉTERNITÉ DE L'AME

L'esprit ou l'âme est une substance permanente ; les sensations, les idées et la matière
sont des phénomènes passagers.

D'ailleurs, il a toujours existé quelque chose,
et puisque les corps, ainsi que nous l'avons
prouvé, ne sauraient exister sans l'âme, il faut
conclure que l'âme a toujours existé.

En supposant même que *nous* ne soyons que
l'effet de la matière et de l'organisation, il faut
toujours conclure que *nous* sommes éternels.

Car, alors, il faut admettre que la matière et
son organisation sont des phénomènes permanents, et que la force qui réunit et organise les
éléments d'un cerveau quelconque réunira et
réorganisera tôt ou tard les mêmes éléments du
même cerveau, c'est-à-dire de la même personne prétendue.

On dira que nous n'aurions, d'après cette hypothèse, qu'une existence interrompue par d'immenses intervalles de temps.

Le temps n'est que la succession de nos idées et n'existe pas quand nous n'existons pas. Il ne saurait donc y avoir d'intervalle de temps interrompant l'existence.

Quelle que soit l'hypothèse que l'on admette il faut donc toujours conclure que nous sommes éternels.

« Tout ce que l'on peut dire de l'âme humaine, objectera-t-on, peut se dire également de l'âme des bêtes. Faut-il admettre que l'âme d'une huître, par exemple, ou celle d'un polype soit immortelle ? » J'admets que l'âme d'un polype est immortelle.

X

L'IDENTITÉ

Les matérialistes sont conduits par leurs
principes à une conclusion absurde devant
laquelle ils ne reculent pas : c'est que chacun
de nous devient, à chaque instant, une personne entièrement nouvelle, ce qui revient à dire
que nous avons entièrement cessé d'exister,
mais que nous existons encore, ou bien que
chaque personne se compose de la succession
d'une infinité d'autres.

On voit qu'il y a dans la philosophie dite
positive des mystères plus grands que ceux de
la Sainte-Trinité.

« Mais, dit-on, il n'existe pas de personnes »
Alors pourquoi parle-t-on toujours de quelqu'un?
Dire qu'il n'existe pas de personnes c'est dire
qu'il n'existe personne, que nous n'existons

pas, ou plutôt qu'il n'existe rien. C'est se noyer dans l'absurde.

Ces aberrations sont ce qu'on nomme la question de *l'identité*.

L'identité, c'est-à-dire l'existence permanente de chacun, serait une illusion produite par la mémoire. La mémoire est, au contraire, un effet de cette existence permanente.

Notre corps, notre cerveau, n'ont que l'existence permanente, l'identité, d'un couteau dont on change successivement la lame et le manche.

C'est l'identité que les matérialistes veulent donner à l'esprit.

XI

LA NÉCESSITÉ, LE HASARD

La nécessité c'est le lien des effets et des causes, des substances et de leurs attributs ; c'est l'existence permanente de ce qui est. Elle n'exclut pas l'intelligence et par conséquent n'est pas le hasard ; mais ce n'est pas une cause.

On peut dire que tout existe par nécessité, parce qu'il y a toujours quelque chose de permanent, et parce que les causes se lient éternellement aux effets.

Le *hasard* n'est qu'une expression négative qui signifie *l'absence d'intelligence* ou de prévision dans les causes.

En voyant ce qui arrive aujourd'hui on peut savoir ce qui est arrivé hier et prévoir ce qui arrivera demain.

Si nous avions la connaissance parfaite des choses présentes, nous pourrions acquérir la connaissance parfaite des choses passées et de celles de l'avenir.

Si l'on nomme *destinée* la série d'événements qui compose la vie de chacun, la destinée est *écrite*, c'est-à-dire déterminée dans l'avenir par les circonstances présentes. Il résulte de sa définition qu'elle est inévitable, les choses que nous évitons ne font pas partie de la destinée.

On peut nommer *fatalisme* l'admission de ces faits incontestables ; mais il ne faut pas confondre ce fatalisme avec un autre auquel on prête un raisonnement pareil à ceci :

« Ou bien *il est écrit* que je périrai et alors tous les efforts pour me sauver seront inutiles ; ou bien il est écrit que je serai sauvé et alors je le serai malgré tout ; donc dans les deux cas la prudence et les précautions sont inutiles. » Ce raisonnement est vicieux, on ne peut pas conclure que la prudence et les précautions soient inutiles, puisque dans le second cas le salut dépend précisément de ces précautions.

Le véritable fatalisme ne conduit donc pas à cette conclusion, qui est une erreur et non une objection sérieuse.

XII

LA SCIENCE & LA PHILOSOPHIE POSITIVES

« La philosophie positive, dit-on, renonce à la recherche des causes premières et des causes finales, bonne pour occuper l'enfance de l'esprit humain, elle ne cherche que les lois, dont la connaissance suffit pour une règle de conduite..... »

« On doit se borner à analyser exactement les circonstances des phénomènes. »

Qu'est-ce que les lois, les phénomènes et les circonstances? c'est toutes les choses du monde.

La proposition ci-dessus revient donc à dire : « La philosophie positive se borne à analyser exactement toutes les choses du monde, ce qui suffit pour une règle de conduite, » ou bien : « On doit se borner à tout apprendre et cela suffit. »

On serait, d'ailleurs, fort embarrassé de dire où commencent et où finissent ces causes premières et ces causes finales dont on prétend ne pas s'occuper et dont on s'occupe beaucoup.

Du reste la philosophie consiste précisément à s'occuper de ces causes.

Ne travaillez que dans les arts et métiers, si vous voulez, mais alors ne dites pas que vous êtes philosophes, et ne tranchez pas les questions de la pensée, de la vie, de l'organisation, de la constitution des corps et de l'univers, des forces, de Dieu, de la morale, etc.

Il est vrai que l'esprit humain a son enfance pleine d'instincts, mais il a aussi sa vieillesse radoteuse.

Ailleurs ont dit : « Les choses que l'on ignore et la complication empêchent la découverte des lois.... Il y a toujours quelque chose d'inconnu dans les résultats quand on a négligé quelque chose dans les causes.... aussi, dans les études de la vie, les approximations laissent-elles beaucoup à désirer. »

— Cette recherche des lois, suffisante pour une règle de conduite, et cette analyse exacte des circonstances des phénomènes, dont on parlait tout à l'heure, ne sont donc pas près de réussir. On ne renonce donc plus à la recherche des causes, puisqu'on ne veut rien négliger pour connaître les résultats. Et qu'est-ce qu'une science positive dont les approximations laissent beaucoup à désirer ?

Il ne fallait donc pas dire que l'on connaît aujourd'hui la constitution intime des organes, etc.

Ils renoncent à la recherche de l'*absolu* ; mais les positivistes croient-ils que l'absolu soit peu de chose, une fraction qu'on néglige dans une approximation ?

Comment les propositions sont-elles prouvées quand elles n'ont pas de preuve absolue ; et comment sont-elles positives lorsqu'elles ne sont pas prouvées ? Une science qui n'est pas absolue est relative, c'est-à-dire hypothétique, incertaine, ce n'est pas une science positive. « Toute démonstration repose sur quelque chose qu'on ne peut démontrer. » (M. Bain).

Voici quelques définitions et propositions des matérialistes :

« 1° Il n'y a pas plus de force sans matière que de matière sans force. »

« 2° Les forces ne peuvent être que des propriétés de la matière. »

« 3° Une force est la cause de tout effet produit. »

« 4° Nous ignorons absolument ce qu'est en soi que force et matière. »

Cette dernière proposition est la plus claire et la plus vraie, mais elle contrarie quelque peu les précédentes.

Le mouvement, la résistance, la forme, la couleur, etc., sont les propriétés de la matière et l'*effet* des forces; celles-ci sont donc la cause des propriétés de la matière, mais ne sont pas des propriétés.

La troisième proposition est donc vraie, mais elle contredit la seconde.

Il y a dans la force deux choses bien différentes que nous confondons toujours. Nous nommons, par exemple, *gravitation* et *force* l'impulsion et la marche des corps, mais la cause de cette impulsion et de cette marche nous la nommons aussi *gravitation* et *force*.

La science positive est celle qu'on ne possède jamais, puisqu'on la cherche toujours.

On examine au microscope la constitution intime des organes, on en connaît, dit-on, les propriétés élémentaires, on prétend expliquer la genèse et l'hérédité, on expérimente tous les produits d'une profonde chimie, on analyse les venins et les virus, on scrute par des vivisections les opérations de la force vitale, on sait produire des monstres, modifier l'être vivant, former de nouvelles races au moyen des traitements, des exercices et des sélections, on s'extasie devant l'intelligence de l'homme et la science moderne et l'on assure qu'il n'existe aucun Dieu.

Or, il est bien évident qu'avec une intelligence

3

et une science pareilles, on peut corriger, améliorer les productions du hasard ou d'une
nature aveugle.

Comment se fait-il donc que nous ne soyons
pas encore corrigés et améliorés, que notre
bonheur ne soit pas encore parfait, et même
que les maux, les maladies et les vices soient
ce qui progresse le plus parmi nous ?

C'est que la science humaine, fût-elle mille
fois plus grande que la science moderne, sera
toujours absolument impuissante à perfectionner les êtres vivants.

Qu'est-ce donc qu'une science qui ne sait
rien corriger aux productions du hasard ?

Et qu'est-ce qu'une Nature aveugle dans
laquelle tous les savants réunis ne savent rien
améliorer ?

XIII

L'ORGANISATION

Les matérialistes ne savent par définir la vie et l'organisation, ils ne peuvent pas dire d'une manière positive quelle différence il y a entre les corps organisés et les corps bruts. De plus ils supposent que les sensations et les idées ne sont que des mouvements du cerveau ; dès lors comment peuvent-ils définir les corps animés ? Tous les corps n'ont-ils pas leurs mouvements ? Ces mouvements ne sont-ils pas des sensations ? Qu'est-ce qui prouve que tous les corps ne sont pas animés ?..

Les corps organisés, comme les corps animés, ont des caractères distinctifs évidents.

Mais l'évidence de ces caractères renverse le matérialisme.

Le caractère des corps organisés ou vivants

c'est « l'idée de fonction et d'usage qu'il faut y attacher » c'est-à dire qui en est inséparable. Cette idée est un sentiment, un instinct, une intuition, c'est l'intuition de la prévoyance, de l'intelligence et de l'intérêt de *l'organisateur*.

Le caractère des corps animés c'est aussi une idée, une intuition qu'il faut y attacher, à laquelle ils sont attachés ; c'est la connaissance instinctive de l'esprit qui les anime, de l'*anima* ou âme immatérielle, unité constante, qui sent et qui pense.

On objectera que le hasard peut produire des organes.

Le hasard, c'est-à-dire les causes sans intelligence ne peuvent produire que des *imitations* d'organes, car si elles produisaient tous les effets naturels, nous n'aurions aucune idée d'organisateur intelligent, aucune idée des fonctions ou de l'utilité des organes et par conséquent rien ne distinguerait les corps organisés des corps bruts

S'il n'existait que le hasard, nous n'aurions aucune intuition, aucune idée des esprits, et rien ne distinguerait les corps animés des corps inanimés.

L'organisation est l'effet de la pensée de l'organisateur. La connaissance de l'organisation est la connaissance de l'organisateur et de sa pensée. L'intuition, la connaissance instinctive des esprits résulte de l'organisation.

La connaissance instinctive de la pensée des esprits est attachée par l'organisateur [aux formes et aux mouvements organiques, c'est-à-dire au jeu de la physionomie, des gestes et des cris.

Il est bien évident que la connaissance de la pensée d'autrui, par la physionomie, les cris et les gestes, est une connaissance instinctive, c'est-à-dire qui ne résulte d'aucun raisonnement et d'aucune étude, car les animaux la possèdent dès leur naissance.

L'enfant souffre et il pleure, il est content et il rit. Il sait sans l'avoir appris nous faire connaître ce qu'il sent, et nous n'avons besoin d'aucun raisonnement pour savoir ce qu'il veut dire.

L'agneau nouveau-né, le poulet sortant de l'œuf, n'ont fait aucun raisonnement, n'ont aucune expérience, et cependant ils connaissent la pensée de leur mère en entendant sa voix.

Ce langage instinctif de la physionomie, des cris et et des gestes, est indispensable à la formation de tout autre langage. Si nous en étions privés, non seulement aucune langue parlée, mimée, ou écrite ne pourrait s'établir, mais encore nous ne pourrions pas distinguer les corps animés des corps inanimés, et nous distinguerions moins facilement les corps réels des corps imaginaires.

L'organisation produit donc la connaissance

instinctive et la communication des pensées ; le monde réel devient, par suite, comme un seul corps appartenant à chaque esprit, et semble avoir une existence propre, une substance.

L'organisation des corps n'étant que celle de la pensée, est nécessaire pour communiquer la pensée, mais ne la produit pas.

La succession des mouvements qui semblent résulter des corps extérieurs et produire nos sensations et nos pensées par l'intermédiaire des nerfs et du cerveau, n'est qu'une illusion suite de l'illusion de la substance des corps ; car avant toute sensation, il n'existe ni corps extérieurs, ni nerfs, ni cerveau.

Parmi les corps, il y en a un qui se meut directement sous l'impulsion de notre volonté, et auquel nos sensations se rattachent autrement qu'aux autres ; ceux-ci nous semblent donner les sensations et celui-là, les recevoir ; c'est celui que nous nommons *notre corps*, que nous croyons apercevoir pendant tout le cours de la vie, quoiqu'il se renouvelle plusieurs fois ; c'est celui qui semble uni à l'âme.

Une pierre que notre volonté ferait mouvoir directement, serait notre corps ou en ferait partie.

Pour que l'esprit puisse mouvoir directement la matière, il n'est pas nécessaire que celle-ci soit organisée ; car la matière organisée n'est qu'une machine, toute machine n'est qu'un assemblage de corps bruts, et le mouvement de toute machine résulte de celui d'un corps brut.

Si la chaleur que nous sentons au bout du doigt est une sensation au bout du doigt, la lumière que nous voyons dans les étoiles est pareillement une sensation que nous avons *dans* les étoiles. Et si nos sensations sont dans notre corps, notre corps est l'univers entier.

Pendant les songes, l'âme est à peu près séparée du corps qu'elle possède pendant la veille ; car celui-ci ne se meut plus alors sous l'impulsion de la volonté. Celui qui se meut sous cette impulsion et reçoit nos sensations, n'est plus qu'un corps imaginaire.

Dans l'expérience des tables tournantes et parlantes, s'il est vrai que des esprits soient évoqués, il faut admettre qu'ils voient ou perçoivent, sans le secours des sens, comme nous voyons les objets dans les songes, et qu'ils peuvent mouvoir la matière qui nous environne.

La science positive affirme qu'il n'existe pas de force vitale « *sui generis* » (1), c'est-à-dire que toutes les forces sont du même genre.

La force vitale est la cause qui choisit et rassemble les corps bruts pour en former des organes, assigne à ceux-ci leurs fonctions et leurs usages, prévoit leurs effets, les dirige vers

(1) Claude Bernard.

un seul but, le bien-être de l'animal, en surveille le jeu, les alimente, les entretient, en répare les avaries, et en refond la masse quand ils sont usés. C'est la cause qui attache à ces organes l'idée de fonction, qui donne aux animaux leurs instincts et à l'homme son intelligence, sa science et sa moralité.

Cette cause, d'après les positivistes, serait une force physico-chimique, comme celle qui fait cristalliser les sels dans une dissolution saturée.

Nous savons bien qu'il existe une force qui produit la cristallisation, mais nous n'y connaissons que la cristallisation, c'est-à-dire l'effet.

Dans la force vitale nous ne connaissons également que les effets qu'elle produit.

Ce qui est certain c'est que les effets sont différents. Mais comment peut-on savoir si les causes ou forces sont du même genre ?

Pourquoi des affirmations sans preuve ?

N'a-t-on pas dit qu'on ignore absolument ce qu'est en soi que force et matière ?

On veut faire entendre que la force vitale et les forces physico-chimiques sont également sans intelligence.

Il est certain que la force vitale est intelligente ; il importe peu de savoir si elle est la même que les autres, ou si elle est du même genre.

Si elle était une propriété des corps, chaque corps aurait sa force ; mais alors comment celle-ci pourrait-elle donner aux animaux leurs instincts, savoir et prévoir les événements, disposer les organes selon ses prévisions ?

Et si elle n'est pas une propriété des corps elle n'est dans aucun, c'est une cause immatérielle, c'est l'âme du monde.

Il n'est pas moins certain qu'elle suspend, tant que dure la vie, l'action des forces physico-chimiques, qu'elle maintient les corps bruts, qui composent les corps organisés, dans un équilibre particulier et inconnu, et que par conséquent on ne peut l'expliquer par les forces physico-chimiques.

Quel que soit le nom que l'on donne à l'intelligence organisatrice : force vitale, Nature, Dieu, Jupiter, Zeus, Allah, Jéhovah, Baal, Teutatès, Brahma, Bouddah, Grand Eprit, le nom importe peu, la chose reste la même.

« Pour admettre Dieu, dit-on quelquefois, il faudrait le voir. »

Dieu est visible tout comme un homme. En effet, voir un homme n'est pas voir un esprit, c'est seulement voir un corps ; mais à l'aspect des formes et des mouvements de ce corps est attachée l'intuition, la connaissance instinctive d'un esprit et même de ses pensées.

De même voir Dieu n'est pas voir un esprit, mais à l'aspect de l'univers immense, aux spectacles du ciel et de la terre, est attachée aussi l'intuition du Grand Esprit.

3.

Plus nous observons attentivement les œuvres de la nature plus se développe en nous la connaissance instinctive de la bienveillance, de l'habileté, de la science parfaites, qui président à ces œuvres.

Les matérialistes ayant admis que la cause de l'organisation est une force aveugle, c'est-à-dire sans intelligence, sont forcés d'admettre que les constructions humaines sont *supérieures* à l'organisation naturelle ; et c'est, en effet, ce qu'ils essayent quelquefois de démontrer. Mais autant vaudrait chercher à démontrer qu'une jambe de bois ou un œil de verre sont des constructions supérieures aux organes naturels.

Autant vaudrait dire que l'homme n'est pas une œuvre de la nature.

L'intelligence humaine n'est qu'un instinct un peu plus développé que celui des autres animaux. Dire que les produits de cette intelligence sont supérieurs aux œuvres de la nature équivaut à dire que les nids des hirondelles, les cabanes des castors, les rayons des abeilles, les toiles des araignées, etc., sont des produits supérieurs aux œuvres de la nature.

L'intelligence de l'homme, comme celle des autres animaux, dépend de l'organisation, c'est l'organisation des idées, et ne saurait avoir d'autre cause que l'intelligence de la Nature.

L'existence du mal est une objection grave

contre la bienveillance et contre l'existence d'un Dieu. Car on ne saurait admettre un Dieu indépendant des êtres vivants et indifférent à leur sort.

Voici ce que l'on peut répondre à cette objection :

Nous ne pouvons avoir qu'un bonheur variable et limité, le bonheur des uns dépend souvent du malheur des autres, il faut des sacrifices, un grand bien résulte quelquefois d'un certain mal, dans la vie qui succède à la mort il y a compensation ou récompense, et la vie présente, malgré les maux qui s'y rattachent, est précisément celle que nous choisirions si nous savions ce que Dieu sait.

On peut rire de la vieille formule : « Tout est pour le mieux dans le meilleur des mondes possibles. » Mais je défie tout philosophe de démontrer qu'elle ne soit pas vraie.

XIV

LE TYPE IDÉAL

La même intuition, le même instinct qui nous fait distinguer les corps organisés des corps bruts nous fait connaître aussi les altérations ou avaries qui surviennent dans l'organisation.

Mais une avarie, un défaut, n'est qu'une différence entre deux objets dont l'un est donné pour type ou modèle. Donc toutes les fois que nous jugeons des avaries ou des défauts d'un corps organisé nous avons un modèle d'organisation, qui, n'étant pas réel, est toujours idéal.

Il importe de remarquer encore une chose vraie quoique un peu obscure.

C'est que le modèle qui existe dans notre imagination n'est lui-même qu'une copie plus ou moins imparfaite d'un autre qui existe dans une intelligence supérieure à celle des hommes.

Par là s'expliquent l'imperfection de nos connaissances et la diversité des opinions et des goûts au sujet de la beauté, de la santé, du bien et du bon.

LA SANTÉ, LA BEAUTÉ.

La santé n'est que le développement de l'organisme conformément à son type.

La beauté n'est que la forme de ce qui est bon, l'apparence de la santé, la ressemblance au modèle idéal.

Le caractère distinctif de la beauté, comme celui de la santé, n'est donc pas autre chose que celui de l'organisation ; c'est toujours la connaissance instinctive.

L'amour est un sentiment profond qui résulte de la connaissance de la beauté, mais non pas d'une étude ou d'un raisonnement ; la connaissance de la beauté n'est donc qu'un instinct, une intuition, un goût, qui résulte du seul aspect des formes et des mouvements.

Puisque l'Organisateur possède une science et une bienveillance parfaites, son but dans l'organisation doit être le *maximum de bien*, et ce but doit être atteint lorsque l'organisation est complète, c'est-à-dire sans avarie et sans défaut, lorsque l'organisme est conforme à son modèle ou type idéal.

Une loi philosophique et physiologique très-importante peut donc se formuler comme il suit :

« Le maximum de bien est attaché à la perfection de l'organisation, à la conformité au modèle idéal, au développement régulier de l'organisme. »

Par conséquent tout défaut d'organisation, toute dissemblance au modèle idéal, tout développement irrégulier produit plus ou moins du mal.

D'ailleurs il est impossible de désobéir et de rien changer aux lois de la nature, puisqu'elles sont l'éternelle manière d'être des choses.

On peut donc guérir les animaux quand ils sont malades, c'est-à-dire les ramener au développement régulier, au modèle idéal, à l'état *normal*; mais dans cet état il est impossible de les améliorer ou perfectionner.

La nature elle-même ne saurait les perfectionner au delà du type de leur espèce, puisque ce type est la perfection.

XV

L'HABITUDE

Malgré le dicton, l'habitude n'est pas « une seconde nature. » C'est-à-dire que l'état régulier ou normal n'est pas celui dont on a l'habitude. Les habitudes ne changent rien au modèle idéal ni à la loi du maximum de bien.

L'habitude est une modification que la nature apporte dans l'organisme pour surmonter ou éviter des obstacles au développement régulier et atténuer le mal qui résulte de ces obstacles ; mais quoique atténué ce mal est toujours un mal.

Quelles que soient, par exemple, les habitudes que l'on ait du tabac, de l'eau-de-vie, de l'opium, de l'arsenic, etc., ces habitudes sont des irrégularités toujours mauvaises, mauvaises par leurs effets directs, par le danger de les rompre et par l'assujétissement aux besoins qu'elles créent. On peut bien, par l'habitude, développer un organe quelconque contrairement au type normal, mais c'est toujours aux dépens des autres organes et de l'utilité de leur concours (1).

(1) Loi de balancement.

XVI

LA GUERRE

Les animaux se multiplient tant que leur développement régulier ne rencontre pas de grands obstacles. Mais en se multipliant ils envahissent l'espace et la matière, que bientôt il faut conquérir.

De l'opposition inévitable des intérêts résulte inévitablement la guerre.

Les hommes se la font et par le fer et par l'argent. Il faut gagner sa vie. Au jeu, à la bourse, dans le commerce, dans le travail, dans les études, dans les concours pour les prix et places, dans les partis et les assemblées politiques, c'est partout la concurrence, la lutte, la guerre. Aux vainqueurs, le pouvoir, la richesse, la vie ; aux vaincus, la servitude, la misère, la mort.

Du reste il faut toujours préparer la guerre
par le *fer*; on ne peut se dispenser impunément
d'avoir des armes et des armées.

XVII

LE PROGRÈS

Quelques philosophes prétendent qu'il y a progrès éternel dans l'ensemble des choses.

Cet ensemble étant éternel est invariable. Il ne saurait y avoir que des améliorations partielles et temporaires, car les causes éternelles produisent éternellement les mêmes séries d'effets.

Mais quand on parle du progrès c'est de celui de l'homme, de la science et de la civilisation qu'il s'agit, de celui que la plupart des savants, des orateurs et des littérateurs modernes proclament comme un nouvel évangile.

Il y a certainement un progrès ; mais ce n'est pas une perfectibilité, une amélioration constante de notre espèce.

Une telle amélioration serait une augmenta-

tion indéfinie de beauté, de santé, de bien-être ;
il faudrait attribuer à nos ancêtres des maux,
des vices et des difformités impossibles et à nos
descendants, de si belles qualités que les
Apollon du Belvédère, les Antinoüs, les Jupiter
olympien, les Hercule Farnèse, les Vénus de
Milo avec leurs modèles et leurs auteurs ne
seraient plus que des caricatures et des crétins.

Souvent les partisans de la perfectibilité font
des descriptions horribles de la barbarie et des
misères du moyen-âge ; mais alors ils renver-
sent leur thèse au lieu de la soutenir ; car le
moyen-âge et même les temps historiques sont
des époques récentes par rapport à l'ancienneté de l'homme, et puisqu'il était si misérable
après des milliers de siècles c'est évidemment
parce qu'il n'est pas perfectible.

L'esclavage, les vices, les maladies, les cou-
tumes absurdes et barbares des anciens et des
modernes sont le résultat du progrès.

Nous sommes besaciers, comme dit Lafontaine. On se croit toujours supérieur aux étrangers et aux anciens. Pour les Romains et les
Grecs les autres peuples étaient des barbares ;
nous sommes des barbares pour les Chinois ; les
provinciaux sont des barbares pour les parisiens.

Les chemins de fer, les télégraphes électriques,
les canons d'acier, les vaisseaux cuirassés, les

merveilles des sciences et de l'industrie prouvent bien un progrès, mais non que nous soyons plus parfaits ou plus heureux que nos ancêtres. Ceux-ci atteignaient sans efforts le but de la vie; nous ne pouvons nous conserver qu'à force d'artifices et de pénibles travaux.

Est-ce une supériorité de mourir d'un éclat d'obus au lieu d'être tué d'un coup de pierre?

Nous sommes supérieurs aux hommes primitifs par la science et l'industrie comme les vieillards sont supérieurs aux enfants par les lunettes, les béquilles, les perruques et les emplâtres.

Ce qui progresse le plus ce sont nos besoins et la quantité de travaux que ces besoins exigent. Le moindre de nos plaisirs est acheté par une longue série d'études, d'opérations et d'objets. De tout ce qu'il nous faut, de tout ce que la vie nous coûte l'énumération serait effrayante. L'homme moderne est un travailleur épuisé dont la tâche augmente sans cesse.

« Les richesses, dit-on, sont le fruit du travail, et, par le progrès, toutes les classes de la société y prennent une part de plus en plus grande. »

La terre, les eaux, les forêts et les animaux sont les véritables et principales richesses; les hommes en jouissaient avant toute civilisation et tout travail; celui-ci fournit bien les armes pour les conquérir, c'est-à-dire les acquérir aux dépens d'autrui, mais ne saurait 'les créer ; les instruments de guerre sont une ruine aussi bien qu'une richesse, puisqu'ils font perdre d'un côté tout ce qu'ils font gagner de l'autre.

Quant aux riches ses créées par le travail, ce sont des plaisirs, du luxe, de l'ornementation, des superfluités devenues nécessaires par l'habitude, mais dont on n'avait nul besoin avant l'invention des sciences et des arts.

Il y a toujours dans ces richesses, dans ce fruit de la science, quelque chose de désagréable et de malsain que la mode et l'habitude nous forcent de subir.

« Il ne serait pas difficile de prouver, dit un physiologiste, que la plupart des hommes périssent avant l'âge, ou traînent péniblement leur vie sous le poids de la douleur pour s'être livrés habituellement et avec excès aux plaisirs de la table. »

Les vêtements s'opposent à l'action salutaire des milieux ambiants, exigent de fréquents nettoyages, déforment le corps, gênent la circulation du sang, produisent des habitudes mauvaises à conserver et dangereuses à rompre.

Nos chapeaux, par exemple, serrent les veines des tempes, produisent la calvitie et le ramollissement du crâne, les maux de dents, le corysa et le catarrhe ; nous les ôtons quand il faudrait les garder et les gardons quand ils nous gênent. Nos chaussures blessent et déforment les pieds, accumulent les résidus putrides de la transpiration. Les ceintures et les corsets altèrent la véritable beauté et font obstacle aux fonctions de tous les organes vitaux.

La mauvaise exposition, les inégalités de température, l'humidité, les poussières, les miasmes et les fumiers rendent insalubres les habitations des villes et même celles des campagnes.

La mode est une sorte de loi imposée par le public, à laquelle il est souvent dangereux de désobéir, et qui règle non-seulement la manière de s'habiller, mais encore presque toute la vie moderne.

Si la mode et les mœurs étaient faites par des hommes intelligents, des savants, des philosophes, des hygiénistes, qui voulussent travailler à la régénération de notre espèce, alors cette mode et ces mœurs pourraient être bonnes ; mais elles sont, chez nous plus encore que chez les cafres, les chinois, les lapons et autres, le résultat de l'ignorance, de la vanité, de la sottise, du lucre, des préjugés, des habitudes vicieuses, des nécessités du travail et des goûts les plus corrompus.

Les savants, d'ailleurs, songent peu à nous perfectionner. Le but de leurs travaux n'est, en définitive, que le bénéfice positif qu'on trouve dans les arts, l'industrie, le commerce et la guerre.

Si l'hygiène et la médecine étaient la connaissance parfaite de ce qui concerne la santé, la vie, le type, ces sciences pourraient nous préserver de beaucoup de maux, mais elles ne sont et ne peuvent être qu'un ensemble d'études et de notions plus ou moins imparfaites ; dès lors elles peuvent bien rendre des services aux individus, mais ne sont guère utiles à l'humanité en général.

La médecine est même nuisible, non-seulement parcequ'elle ne guérit pas toujours, mais surtout parcequ'elle guérit.

Les hommes, en effet, comme les animaux, ont vécu et peuvent vivre en bonne santé sans hygiène et sans médecine. La nature, pour augmenter la population, n'a pas besoin du secours de notre art Elle tue promptement les malades quand elle ne les guérit pas et les remplace par des nouveaux-nés dont elle sait faire des hommes forts et robustes. A la place de ceux-ci la médecine conserve des individus plus ou moins guéris, débiles et vieux, qui deviennent les reproducteurs de notre espèce et propagent, par une sorte d'élection la débilité, les infirmités et les maladies.

La science, du reste, est principalement appliquée au perfectionnement des instruments de guerre et aboutit, sinon à la destruction, du moins à l'asservissement des hommes.

Malgré toutes les sciences, toutes les philosophies, toutes les institutions morales et politiques, notre espèce dégénère, s'affaiblit et vieillit.

Les nouveaux-nés périssent en grand nombre par la faiblesse native qu'ils reçoivent de leurs parents.

Toutes sortes de pratiques funestes viennent ensuite augmenter le mal. Il ne faut pas être un grand docteur pour comprendre ce qu'il y a de mauvais dans l'allaitement mercenaire ou artificiel, l'emmaillotage et le sevrage prématuré. Les nécessités de la vie citadine et des métiers privent les enfants des soins maternels, de la propreté, de la liberté, du nécessaire, tandis qu'ils reçoivent les habitudes d'un superflu insalubre, tel que vin, café, chaussures, coiffures et autres médicaments de vieillards. On leur fait des prescriptions absurdes, des corrections stupides, on leur administre des châtiments brutaux, on leur offre de pitoyables exemples.

Des parents vicieux ne peuvent donner qu'une éducation vicieuse.

Alors que les mouvements et les jeux sont indispensables au développement du corps et de l'esprit, on nous met à l'école, on nous astreint à l'immobilité, on nous impose les grammaires, les langues mortes, les catéchismes et autres abstractions qui usent mal à propos la force mentale et font dévier la raison et le bon sens.

4.

La vie moderne c'est la hiérarchie et la subordination , c'est-à-dire la tyrannie et la servitude cachée sous un euphémisme.

Si la liberté, comme a dit un philosophe, est la meilleure chose du monde, la tyrannie et la contrainte doivent être les plus mauvaises. Il faut y rattacher la plupart des maux de la société : douleurs apparentes ou cachées, espérances perdues, violences, mensonges, infamies, paupérisme, prostitution, alcoolisme, aliénation mentale, épidémies, crimes et pénalités.

La plupart de notre temps s'écoule dans les magasins, les boutiques, les bureaux, les ateliers, enfers dont nous sommes les Ixions et les Sisyphes. Nous vivons enterrés dans les houillères et le grisou, attachés aux fonctions des machines, brûlés autour des forges et des fourneaux, empoisonnés dans les fabriques et usines de toutes sortes, où l'on absorbe le chlore, le cuivre, le mercure, le phosphore, l'arsenic et le plomb. Quoique serfs émancipés nous ne pouvons échapper au labeur incessant de la glèbe.

Chaque division du travail exerce exclusivement quelqu'un de nos organes, quelqu'une de nos facultés ; pendant qu'une partie du corps se fatigue et s'use, l'autre demeure plus ou moins inactive et atrophiée ; les membres se déforment, l'esprit s'altère, les goûts, les instincts et les mœurs se corrompent.

Les richesses que les pauvres acquièrent de plus en plus ne sauraient être que les objets de prétendu plaisir, d'agrément et d'ornement que l'habitude et la mode rendent nécessaires ; aussi avons-nous le spectacle d'un mélange bizarre de luxe et de misère, d'orgies et de souffrances, d'ivrognerie, de tabac et de faim.

Cependant les fortunes changent, les familles s'allient, les races se mêlent, les maladies et les vices des riches et des pauvres, des indigènes et des étrangers se rassemblent, se multiplient et deviennent un héritage croissant que nous recevons de nos pères et transmettons à nos fils. Voilà le progrès.

CITATIONS

Les amis du progrès se contredisent. Ils parlent souvent de la *plèbe*, de la *populace*, de la *vile multitude*. Si nous sommes une multitude avilie quelle est notre perfection ?

« Le moyen-âge, disent-ils, n'est qu'une transformation sénile de la belle antiquité (1). »

Ils constatent des faits qu'il est difficile de concilier avec la perfectibilité de notre espèce.

« La fausse monnaie c'est la vie moderne tout entière avec son frelatage universel et ses impostures chroniques. » (2)

---

(1) Journal la *République Française*, feuilleton du 16 avril 1875.

(2) Pierre Véron, *Charivari*; 12 octobre 1869.

« Paris et la province regorgent d'hommes
suffisamment élevés, polis et intelligents, qui
végètent et vivent juste assez pour ne pas mourir..... Et tant de jeunes filles qu'étreint aujourd'hui la misère ou quelque chose de pis
encore..... » (1)

« .... L'ouvrière, pauvre créature abêtie par
la misère.... » (2)

« Il y a dans notre société moderne des souffrances réelles, des abus monstrueux, des inégalités révoltantes. » (3)

« Il est certain qu'en passant en revue la
population de nos écoles primaires, où se cou-
doient tant de pauvres enfants étiolés, débiles,
anémiés, rachitiques, qui seront un jour les
reproducteurs de notre race, on ne peut que
regretter que des moyens aussi simples d'amélioration collective (Il s'agit de l'hydrothérapie)
n'aient pas encore été appliqués. »

.   .   .   .   , ...

« .... L'anémie, source de tant de maux, si
commune dans les grandes villes que la moitié
peut-être de la population en est atteinte à
quelque degré........ » (4)

(1) La *Patrie*, 19 octobre 1869.
(2) *Charivari*, 20 octobre 1869.
(3) Pierre Véron. *Charivari*, 14 décembre 1869.
(4) Journal la *République française*, 20 mars et 7 avril
1874, feuilletons scientifiques.

« Le conseil général dé la Seine vient de consacrer plusieurs séances à la discussion d'une question du plus haut intérêt. Elle n'est pas gaie cette question, mais il est nécessaire de l'aborder hardiment, car la folie se propage avec une effrayante rapidité...... Voilà pour les méditations des moralistes et des hygiénistes ; ils sont nombreux, ingénieux dans leurs re-cherches, habiles à analyser le mal, mais ils se heurtent contre les résultats malheureusement tous les jours plus probants..... Les hospices d'aliénés de la Seine sont devenus insuf-fisants... » (1)

« .... Ces grandes voies, remarque le *Times*, engageront les hommes civilisés à se risquer dans ces régions barbares du nord-est et du sud-est (il s'agit de la ville de Londres), ce pays de la misère, de la fièvre, et de la phthisie, aussi peu connu que l'intérieur de l'Afrique et où l'on ne se hasardait, comme au milieu de tribus sauvages, que pour y faire du trafic. » (2)

« La charité anglaise se pratique sans doute largement ; elle multiplie les établissements de bienfaisance, les maisons de refuge, les maisons de travail ; mais c'est surtout de Londres que le

(1) Le *Petit journal*, 2 décembre 1873.
(2) Journal le *Temps*, 9 novembre 1869.

poète pourrait dire : Plein d'or et de misère. L'indigence y descend à des profondeurs inconnues chez nous. »

« .... Cette scène (il s'agit d'un tableau) nous présente une fidèle image de la tourbe immonde des misérables de Londres. Vieillards mourant d'inanition, travailleurs tués par le chômage, ivrognes dégradés par la boisson, femmes abandonnées par leurs maris, enfants devenus des squelettes par le besoin, ouvriers qu'un salaire insuffisant livre au mal, douleurs de tous les âges, déclassés de toutes les conditions, tout cela roule pêle-mêle à la fin du jour vers la porte de ces maisons de refuge où le malheureux va passer la nuit. »

« Un jour, un rédacteur d'un grand journal anglais, il y a trois ou quatre ans, a voulu juger par lui-même, voir de ses yeux, toucher de ses mains tout ce qu'il y a de lamentable, de fangeux, d'horrible dans ce séjour qui a créé un enfer plus poignant que celui du Dante. Il s'est déguisé en ouvrier sans ouvrage et sans pain et il a passé une nuit dans une maison de refuge. Il a, le lendemain, raconté dans le *Daily News* le résultat de son épouvantable odyssée ; ce récit a fait frissonner le monde civilisé, et le *Times* disait: Celui qui a écrit ces lignes peut dire qu'il a vu les enfers. » (1)

(1) Le journal l'*Illustration*, décembre 1869.

Il serait superflu de rapporter une foule de
faits analogues qui se passent en Europe et
ailleurs. Ceux que nous venons de citer suffisent pour prouver, non pas que tous nos
contemporains et tous nos concitoyens soient
également malheureux et dégénérés, mais que
la science et la civilisation produisent peut-
être plus de mal que de bien et n'ont apporté
dans l'organisme de l'homme aucune amélioration.

L'espèce humaine a, comme toute autre, son
type ou modèle idéal.

Les interminables disputes et les nombreuses
contradictions des savants dans les questions
d'hygiène, d'esthétique, d'anthropologie, de
morale, prouvent qu'ils ne connaissent qu'im-
parfaitement ce type.

Cependant il n'est pas besoin d'avoir fait des
études pour savoir si une femme est belle, si un
individu est un crétin; le goût, l'instinct,
suffit pour cela; comme il suffit, dans bien des
cas, pour nous guider dans le choix de nos
actes. Les animaux sauvages ont même des
connaissances instinctives souvent supérieures
à la science humaine.

C'est donc surtout l'instinct qui nous apprend
que tout ce qui nous vient de la science, de
l'art, de la civilisation nous éloigne de la *nature*,
c'est-à-dire de notre modèle idéal.

Au moral comme au physique les hommes primitifs étaient donc beaucoup plus parfaits que nous.

La vie modèle est simple et non pas multiple et compliquée comme la nôtre, qui dépend des habitudes, des goûts, des opinions, des erreurs, de la fortune et du métier de chacun.

Comme, d'ailleurs, la science est une arme, un puissant instrument de destruction par lequel l'homme frappe, dévore ou exploite tout ce qu'il peut atteindre, la surface de sa planète a dû être ravagée, les êtres en général et l'homme en particulier ont dû subir une décadence.

L'homme sauvage est à l'homme civilisé ce que les animaux sauvages sont aux animaux domestiques. L'infériorité de ces derniers est manifeste. Mais pour adopter la vie primitive, quitter entièrement et brusquement la nôtre, ce serait agir comme des infirmes, qui pour voir plus clair et courir plus vite, jetteraient leurs lunettes et leurs béquilles.

Nous ne pouvons revenir à la vie primitive pas plus que les vieillards à la jeunesse.

Il ne faut pas cependant considérer certaines peuplades modernes comme des sauvages primitifs. Partout il y a eu progrès, mais progrès différent.

XVIII

MYTHES ET ALLÉGORIES

Les anciens, poètes, philosophes, artistes, avaient une profonde intuition du beau et du vrai. Ils aimaient à cacher la vérité sous les allégories et les mythes.

Voici comment ils répondaient à la question du progrès :

« L'homme primitif, Adam, naquit du limon de l'Euphrate, dans un pays rempli de beaux arbres et d'eaux courantes, dans un jardin délicieux ou paradis, il n'avait besoin d'aucun art et vivait parfaitement heureux. Mais un jour, la femme, séduite par le démon de la curiosité, cueillit un fruit qui devint fatal à la race humaine, celui de la science.

Alors on fut chassé du jardin, ou paradis, par une épée flamboyante, c'est-à-dire que le

4.

fer et le feu détruisirent les forêts primitives ; on eut besoin de se vêtir, la terre ne produisit plus spontanément que des chardons et des ronces, l'agriculture devint nécessaire, il fallut se nourrir de chair et travailler jusqu'à la mort.

La science produisit l'esclavage, que la femme subit la première ; les maladies, qui commencèrent par les douleurs de l'enfante-ment ; les crimes, qui suivirent le meurtre d'Abel, et enfin une telle corruption ou déca-dence que Dieu sembla se repentir d'avoir créé l'homme et trouva bon de le détruire par un déluge.

L'âge d'or n'est pas une pure fable. Le mythe de Prométhée, quoiqu'un peu brouillé, répond encore assez clairement à la question qui nous occupe.

PROMÉTHÉE.

Prométhée représente d'abord les premiers inventeurs, ensuite les hommes sages et pré-voyants, enfin la race humaine tout entière.

Pandore symbolise les richesses, le luxe, la civilisation. Epiméthée, les industriels et les commerçants enrichis.

Prométhée, aidé de Minerve, dérobe le feu du ciel pour animer un homme formé du limon de la terre et dont le cœur contient toutes les qualités des animaux.

Jupiter ordonne alors à Vulcain de former une femme que les dieux comblent de présents, que l'on nomme Pandore et qui reçoit une boîte mystérieuse.

Pandore est offerte par Mercure à Prométhée qui, prévoyant des malheurs, n'accepte pas.

Mais son frère Epiméthée accepte et ouvre imprudemment la boîte.

Aussitôt tous les maux s'en échappent et se répandent parmi les hommes. Cependant l'espérance reste au fond.

Jupiter alors fait enchaîner Prométhée sur le Caucase où, pendant trente mille ans, un vautour insatiable, fils de Typhon et d'Echidna, lui rongera le foie.

Mais, après trente ans, Hercule tue le vautour à coup de flèches et délivre Prométhée.

EXPLICATION.

Le premier inventeur, (Προμηθεύς, celui qui prévoit) poussé par l'esprit de sagesse ou de science (Minerve) invente le feu, élément céleste, source des arts, qui semblent donner à l'homme une vie nouvelle et des qualités supérieures à celles des animaux.

Le feu, l'industrie, la métallurgie, (Vulcain)

produisent le luxe, la civilisation, les richesses, que symbolise Pandore (Πανδώρα, celle qui possède ou qui donne tous les trésors, qui sé- duit par la beauté de Vénus, la science de Mi- nerve, les talents des Muses, qui éblouit par ses colliers d'or, ses bracelets, ses diamants, ses draperies.)

Le commerce (Mercure) vient offrir les ri- chesses et la civilisation (Pandore) aux hommes clairvoyants et prévoyants (Prométhée) qui re- fusent ; mais les hommes ambitieux, envieux, imprudents, curieux, ('Επιμηθεύς, celui qui voit trop tard) acceptent.

Alors les vices et les calamités se répandent comme la peste et semblent sortir des caisses et des boîtes avec les marchandises de Pandore.

Enfin Prométhée devient, dans ce mythe, le symbole de la race humaine répandue autour du Caucase.

Ses chaînes sont le signe de l'esclavage. Le vautour, fils de Typhon et d'Echidna, indique les peines, les travaux, les soucis, les misères, les maladies et les vices qu'entraîne la civilisation (Τυφών le mal qui frappe, 'Εχίδνα la vipère et le poison) et que la race caucasique subira jusqu'à sa fin.

La délivrance par Hercule signifie une amé- lioration dans le sort des hommes, une régénération, une rédemption ; c'est la réalisation de l'espérance restée au fond de la boîte.

Chaque époque a eu sa rédemption. Ce fut d'abord les flèches d'Hercule, ensuite le christianisme de Jésus-Christ, l'islam de Mohamed, un jour c'était *l'ultima Cumæi carminis ætas* de Virgile, aujourd'hui c'est la révolution de 89, la science positive et le progrès.

LA TOUR DE BABEL

A une époque reculée les hommes se multiplièrent beaucoup entre le Caucase et l'Arabie ; le progrès était déjà grand ; du pays de Babel ou de Babylone partirent des émigrations nombreuses. Il y avait dans cette ville une tour très-haute par laquelle on *montait au ciel*, c'est-à-dire que c'était un temple du soleil et un observatoire d'astronomie.

Dans l'histoire de cette tour on a trouvé le thème d'une allégorie ingénieuse, qui paraît avoir pour but de démontrer que les grandes entreprises des hommes n'ont aucune utilité réelle et que l'édifice de la science, qu'on semble vouloir élever jusqu'au ciel, pour la rédemption ou la régénération humaine, n'aboutit qu'aux disputes, aux logomachies, à la confusion.

Les anciens disaient aussi que la vérité se cache au fond d'un puits, qu'elle est nue et qu'on ne peut en voir la tête.

Ce qui veut dire qu'elle ne se prête pas aux modes et aux préjugés, qu'elle est difficile à trouver, et qu'il est impossible d'en connaître le principe.

XIX

DARWINISME

On objectera une théorie zoologique se rattachant à la question de l'organisation et du progrès, la théorie de Darwin, ou de *l'évolution*.

Elle est chère aux positivistes, qui croient y trouver des preuves à l'appui de leurs principes.

« Je regarde tous les êtres, dit Ch. Darwin, non plus comme des créations spéciales, mais comme la descendance d'êtres qui vécurent longtemps avant que les premières couches du système silurien fussent déposées. »

Il pense que tout le règne animal est descendu de quatre ou cinq types primitifs tout au plus. Il ajoute que l'analogie le conduirait encore un peu plus loin, c'est-à-dire à croire que tous les animaux et toutes les plantes descen-

dent d'un seul prototype, mais que l'analogie
peut être un guide trompeur.

Le traducteur de Darwin dit que, à l'origine,
il a dû se produire des cellules germinatives
nageant éparses en grappes ou en filaments
dans les eaux, une cristallisation organique,
rien de plus.

Darwin dit encore : « ... Quelques formes ou
une forme unique ont été, à l'origine, animées
par un souffle du Créateur... et des formes sans
nombre de plus en plus belles, de plus en plus
merveilleuses se sont développées et se déve-
lopperont dans une évolution sans fin. »

Voici les raisons sur lesquelles on appuie
cette théorie.

« Nos espèces domestiques, dit-on, ont subi
des modifications profondes qui se sont transmises par hérédité pendant de très-longues
périodes.... »

« L'homme expose les êtres organisés à de
nouvelles conditions de vie et alors la nature
agissant sur l'organisation, produit des variations. Nous pouvons choisir ces variations et
les accumuler dans le sens qui nous plait.... »

« Il est certain qu'on peut transformer les
caractères d'une espèce en choisissant à chaque
génération successive des différences indivi-
duelles et ce procédé électif a été le principal
agent dans la production des races domestiques
les plus distinctes et les plus utiles. »

« Les principes qui ont agi à l'état domestique peuvent agir également à l'état de nature. La conservation des races et des individus favorisés dans la lutte perpétuellement renouvelée au sujet des moyens d'existence est un agent tout puissant d'élections naturelles... Le plus mince avantage acquis par un individu dans cette lutte, le plus léger perfectionnement de ses organes fera pencher la balance et décidera quelle variété doit s'accroître en nombre et quelle variété doit diminuer. »

« La variabilité une fois admise, on arrive à conclure que des variations en quelque chose utiles aux individus puissent être transmises et accumulées. »

« Si l'homme peut choisir les variations qui lui sont utiles, pourquoi là nature ne choisirait-elle pas les variations utiles aux animaux ? »

« Les individus de chaque espèce se multiplient d'autant plus qu'ils se diversifient davantage. L'élection naturelle tend constamment à conserver les descendants les plus divergents de quelque espèce que ce soit. »

« Il suit de là que les légères différences qui caractérisent les variétés de la même espéce tendent à s'accroître jusqu'aux différences plus grandes qui caractérisent les espèces du même genre. »

« .... Des variétés nouvelles et plus parfaites supplanteront et extermineront inévitablement les variétés plus anciennes, moins parfaites et intermédiaires. Il en résultera que les espèces deviendront aussi mieux déterminées et plus distinctes. »

« La formation lente des êtres supérieurs résulte directement de la guerre naturelle. » etc.

Les positivistes n'admettent pas la théorie de Darwin tout entière ; ils en exceptent « le souffle du Créateur. »

Selon ces philosophes l'organisation est due à des causes sans intelligence, qui seraient les forces physico-chimiques.

Ces forces auraient donc produit par le procédé de Darwin, c'est-à-dire par l'élection naturelle, l'organisation complète et les animaux que nous voyons aujourd'hui.

Mais comment, à l'origine, cette élection aurait-elle pu s'exercer ? Comment des animaux qui n'existaient pas encore auraient-ils pu se faire la guerre, en utilisant certaines formes ? Comment des formes spéciales auraient-elles pu se succéder quand il n'existait encore point d'espèces ? et qu'est-ce que ce « prototype » ou ces « quatre ou cinq types primitifs » qui ne seraient les types de rien ?

On dit qu'il s'est produit d'abord un commencement d'organisation, « des cellules germinatives, une cristallisation organique, rien de plus. » Mais il faut quelque chose de plus

avant qu'aucune élection puisse avoir lieu ; il
faut, avant d'utiliser les formes, non seulement
des corps organisés, mais encore des corps
animés ; il faut des intérêts opposés et des
combattants armés avant de commencer la
guerre ; il n'y a pas d'élection naturelle, pas
plus qu'il n'y a d'élection artificielle, avant
l'établissement d'une organisation complète,
avant la formation des animaux, des espèces et
de l'hérédité.

Les éleveurs de bestiaux ne forment aucune
espèce, ils déforment, au contraire, celles qui
existent.

Avant de les déformer ou de les transformer
par une élection quelconque, il faut qu'elles
aient été formées sans aucune élection.

On observe l'action de l'homme sur les
animaux domestiques et l'on conclut que l'habitude a créé l'organisation, c'est au contraire
l'organisation qui a créé l'habitude. Un pro-
verbe inventé par des niais, comme dit Rousseau, prétend que « l'habitude est une seconde
nature. » Les Darwinistes vont plus loin et
supposent que l'habitude est une première
nature.

Il est vrai que la nature emploie une élection ;
mais ce n'est ni pour créer ni pour transformer
ni pour perfectionner les espèces ; c'est pour
les conserver.

Les transformer serait les détruire. Une espèce est l'ensemble des copies d'un certain type ou modèle ; si l'on transforme ces copies elles ne sont plus des copies et ne forment plus une espèce.

Supposer que les individus ne sont semblables entr'eux que fortuitement et momentanément, qu'ils peuvent être modifiés en tous sens, qu'ils vont d'un type à un autre en passant par toutes les formes intermédiaires, c'est supposer qu'il n'existe ni types, ni espèces, ni organisation, qu'il n'y a pas de formes meilleures les unes que les autres et qu'il n'y a aucune différence entre les corps organisés et les corps bruts.

Avant d'affirmer quelque chose sur le perfectionnement et la perfection des êtres il faudrait définir cette perfection.

Nous avons démontré que l'individu le plus parfait, le plus perfectionné, n'est pas celui qui se distingue par le développement *anormal* de tel ou tel organe, de telle ou telle faculté, mais celui dont tous les organes et toutes les facultés se développent régulièrement, c'est-à-dire conformément au type ou modèle de son espèce.

Nous avons démontré que la nature ne saurait perfectionner ses œuvres au delà de ce type.

Pourquoi, dès l'origine, n'aurait-elle pas

produit les formes et les variations les plus utiles aux animaux, puisque, comme on le suppose, elle sait aujourd'hui choisir et produire ces formes et ces variations ?

Nous savons qu'il faut admettre, comme Darwin, le « souffle du Créateur. »

Mais nous n'admettons pas, comme Darwin le fait entendre, que ce Créateur ne soit qu'un apprenti, que, tâtonnant pendant des siècles, il n'ait su fabriquer que des ébauches grossières et ne soit arrivé aujourd'hui qu'à des œuvres encore fort-imparfaites ; nous admettons au contraire qu'il a su, dès l'origine, animer des formes nombreuses et sans défauts.

Aucune espèce ne peut donc être perfectionnée au delà de son type. Toute variation, loin d'être un perfectionnement, n'est au contraire qu'une déformation, une maladie, une décadence, qui, arrivée à une certaine limite, se termine par la mort des individus et l'extinction des races.

L'élection naturelle et la concurrence vitale tendent à supprimer les individus inférieurs ou défectueux pour les remplacer par ceux qui se rapprochent le plus de leur type, et, par conséquent, à conserver les formes primitives.

L'élection n'est pas le seul moyen que la nature emploie pour la *conservation* de ces formes : elle se sert encore de la génération par couples, de l'instinct de l'amour et de la stérilité des métis.

La génération par couples, en détruisant l'une par l'autre les variations en sens contraire, s'oppose à leur accumulation dans le même sens et, par suite, à la production de variétés nouvelles.

L'instinct de l'amour contribue au maintien des formes primitives en choisissant, pour la reproduction, les individus les plus *beaux*, c'est-à-dire les plus conformes au modèle idéal.

La stérilité des métis est une barrière naturelle qui sépare et conserve les espèces voisines en s'opposant aux croisements, comme la barrière artificielle sépare et conserve les races domestiques.

Cependant, malgré ces moyens, les espèces ne se conservent pas complètement, elles subissent toutes une décadence, une vieillesse qui se termine tôt ou tard par une extinction.

Décadence d'autant plus rapide que les individus supérieurs ne sont pas toujours les vainqueurs dans la lutte ni les reproducteurs dans l'amour.

Nous ne savons pas comment se forment les espèces ; mais il n'est pas moins démontré qu'elles sont des créations spéciales, invariables et déterminées, et que, malgré toutes les apparences, il n'existe pas entr'elles de

séries d'individus passant par toutes les formes
intermédiaires.

Nous sommes donc bien loin des « formes
sans nombre de plus en plus belles, de plus en
plus merveilleuses qui se développent dans une
évolution sans fin. »

Si, comme on le prétend, tous les êtres
étaient la descendance de « quatre ou cinq
types primitifs » ou d'un « seul prototype », si
les espèces n'étaient que des races formées à la
manière des races domestiques, rien ne s'op-
poserait au croisement des espèces voisines,
qui alors se confondraient deux à deux à chaque
génération, s'effaceraient rapidement et ne
laisseraient pour tout résultat qu'un petit
nombre de formes reproduisant les quatre ou
cinq prétendus types primitifs.

Il arriverait aux espèces ce qui arrive aux
races domestiques lorsqu'on supprime les
barrières qui les séparent, c'est-à-dire le retour
à la forme primitive produit par l'action de la
génération par couples, de l'instinct et de la
véritable élection naturelle.

S'il n'y avait pas de limites aux variations
ou déformations que l'on peut produire chez les
animaux, les animaux domestiques auraient
depuis longtemps acquis des formes beaucoup
plus nombreuses et plus exagérées que celles
que nous leur voyons.

Si l'habitude, l'hérédité, l'élection naturelle agissaient comme on le prétend, si les races devenaient de jour en jour plus nombreuses en s'écartant de plus en plus de leurs types respectifs, depuis longtemps nous ne verrions plus les individus groupés en espèces et nous ne distinguerions plus aucun type.

Le temps amène des changements considérables dans l'état de notre planète, et, par suite, dans les milieux où vivent les êtres, dans les conditions de vie. La nature modifie l'organisation selon ces milieux et ces conditions ; mais, pour former de nouvelles espèces, elle ne transforme pas les anciennes. Pour succéder à celles-ci, celles-là n'ont pas besoin d'intermédiaires, ce sont des créations spéciales et rapides qui apparaissent subitement.

Il est vrai qu'un certain changement s'opère dans les anciennes formes et tend à les accomoder aux nouveaux milieux ; mais ce changement ne s'étend pas loin, il est produit par l'habitude ; c'est une déformation qui atténue le mal, mais n'empêche pas la diminution et l'extinction définitive des dites formes, c'est une décadence, une vieillesse, et non pas une transformation d'êtres défectueux en êtres meilleurs ou seulement aussi bons.

C'est un changement pareil à celui que l'acclimatation et l'élection artificielles produisent chez les animaux domestiques, lesquels ne sont évidemment que des animaux sauvages dégénérés, déformés, maléficiés.

L'erreur des darwinistes provient de ce qu'ils prennent ce changement pour une amélioration, un perfectionnement, tandis que ce n'est que l'atténuation d'un mal inévitable.

Du reste, quand bien même elle ne serait pas une décadence, l'accomodation des animaux aux nouveaux milieux ne serait pas un perfectionnement, car alors les animaux de chaque époque seraient également bien accomodés à leurs milieux respectifs et, par conséquent, également perfectionnés.

On trouve la transformation des individus plus vraisemblable que la création spéciale, l'apparition subite des nouvelles espèces, création qui ne serait qu'une génération spontanée. On ne veut pas admettre cette génération spontanée et l'on admet la transformation.

Cependant il ne saurait y avoir transformation s'il n'y a auparavant formation.

On assure que la terre était autrefois une masse de laves incandescentes où aucun être vivant et organisé ne pouvait exister ; on admet donc que des êtres vivants se sont produits au sein de la matière inorganique, et sans aucun germe produit par des êtres antérieurs.

C'est bien là une génération spontanée que l'on admet.

« Il ne s'est produit d'abord, dira-t-on, que des cellules germinatives, une cristallisation organique, ce n'est qu'après un temps fort long que les animaux ont apparu. »

Quel qu'en soit le temps et le commencement c'est toujours une génération spontanée.

Il est donc prouvé que cette génération ou création s'est produite, ce qui suffit à prouver qu'elle s'est produite plusieurs fois et qu'elle peut se produire encore.

XX

Selon la théorie de Darwin tous les animaux aujourd'hui vivants sont les descendants de ceux dont nous trouvons les restes dans les diverses couches géologiques. ·

Le cheval, par exemple, serait le descendant de la salamandre du pétrole, de l'ichtyosaure ou du labyrinthodon, et l'homme aurait ses ancêtres parmi les sarigues et les singes.

« La formation lente des êtres supérieurs, dit - on , résulte directement de la guerre naturelle. »

Comment se fait-il donc que les êtres inférieurs, singes, tigres, loups, serpents, rats, sauterelles, chenilles, salamandres, phylloxeras, puces, punaises, vers intestinaux, etc., aient pu résister à la guerre naturelle et incessante que nous, êtres supérieurs, leur avons faite pendant des siècles ?

C'est que la destruction des êtres dits *inférieurs* et la production des êtres dits *supérieurs* ne dépendent pas de la guerre naturelle ou de l'élection naturelle de Darwin.

L'homme détruit beaucoup ; mais il ne détruit pas les êtres inférieurs.

D'ailleurs, pour affirmer quelque chose au sujet des êtres plus ou moins supérieurs, il faudrait savoir en quoi consiste la supériorité.

L'éléphant est supérieur par la taille, le lion, par la force et le courage, le chameau, par la sobriété, l'aigle, par la vue et le vol, le singe, par l'adresse et l'agilité, l'homme est supérieur par l'intelligence.

Mais ces diverses qualités ne sont pas le but final de la vie, ce ne sont que des moyens de vivre que la nature organisatrice fournit aux animaux.

La supériorité ne résulte pas plus de l'intelligence que des instincts ou des autres qualités.

L'homme, malgré son intelligence, naît, vit et meurt ni plus ni moins heureux que les autres animaux.

La théorie de Darwin consiste principalement à supposer une succession de générations qui passerait insensiblement par toutes les formes intermédiaires entre les anciennes espèces et les nouvelles

Il y a une apparence, mais ce n'est qu'une illusion. Il existe, par exemple, une série entre le requin et le cheval ; c'est : le dauphin, la baleine, le phoque, le morse et l'hippopotame.

L'aptérix et l'ornithorhynque semblent être aussi des intermédiaires entre les oiseaux et les quadrupèdes.

Mais ni l'observation ni la raison ne prouvent qu'il ait existé ou qu'il puisse exister entre les espèces une série ou suite *continue* et passant par *toutes* les formes intermédiaires.

La nature n'empêche pas toujours la naissance des métis ; mais ce sont des êtres défectueux dont elle ne permet pas la propagation. S'il n'y avait pas d'obstacle à cette propagation, il se produirait dans les organes une telle accumulation de difformités qu'ils ne pourraient plus fonctionner et ne seraient plus des organes.

Pour qu'une espèce puisse exister il faut que les individus qui la composent puissent se nourrir, se défendre et se reproduire ; il faut que leurs organes soient construits pour concourir à ce but, et ne s'éloignent pas d'un modèle invariable.

Il n'y a pas d'intermédiaires entre un fusil et un sabre, ni entre un violon et une trompette, parce que les armes et les instruments de musique sont l'œuvre d'une intelligence. De même n'y ail pas d'intermédiaires entre les organismes voisins parce qu'ils sont aussi des armes et des instruments construits par autre chose que le hasard.

Du reste l'expérience vient confirmer notre raisonnement.

On ne trouve pas dans les couches géologiques les traces de la prétendue transformation des espèces, la série ou suite continue de formes intermédiaires produites par la prétendue élection naturelle.

Par exemple, le dinothérium, le mastodonte, le mammouth et l'éléphant moderne forment bien une série, mais non une série *continue*.

Si l'homme était le descendant de quelque singe on trouverait les débris fossiles d'une suite nombreuse d'intermédiaires.

Les restes humains les plus anciens que l'on connaisse, les crânes de Borreby, d'Engis, du Neanderthal, les squelettes du Périgord, des grottes de Menton, etc., ne sont pas les restes de quelque singe dégénéré ; ces ossements ont appartenu à des hommes, et même à des hommes plus forts, plus correctement conformés, plus rapprochés du type de notre espèce et par conséquent plus parfaits que nous.

« ,...Seulement le savant prussien fut surpris de la grosseur vraiment remarquable de ces os, ainsi que du développement des saillies et

dépressions servant à l'insertion des muscles. » (1)

« M. Broca a cité comme le plus remarquable
exemple de la persistance d'un type de race, le
crâne humain trouvé à la Nouvelle-Orléans au
dessous de quatre forêts ensevelies, parce qu'il
reproduit complètement le type actuel des peaux-
rouges et parce que son ancienneté ne peut
être évaluée à moins de quinze mille ans. » (2)

Supposer que nous sommes les descendants
des singes c'est supposer que nous sommes des
singes déformés et dégénérés.

On dit que nous avons sur les hommes primitifs une supériorité intellectuelle, parce que
notre cerveau et notre intelligence auraient été
développés par l'exercice.

Autant vaudrait dire que nos bras, nos jam-
bes, nos yeux et nos oreilles se sont développés
par l'exercice.

Chez les hommes primitifs l'intelligence avait
à s'exercer de mille manières ; chez nous elle
ne s'exerce, la plupart du temps, qu'à la *partie*
que nous avons dans la *division du travail*,
division qui, loin de favoriser le développement
de facultés sublimes, fait de l'homme moderne
une machine, un moteur animé, que l'on em-

(1) Louis FIGUIER, *L'Homme primitif*, pag. 91.
(2) Journal la *République Française*, feuilleton scientifique, 22 décembre 1874.

ploie, comme les chevaux et la vapeur, à la production d'un résultat pécuniaire.

» Tout nos travaux, dira-t-on, ne sont pas abrutissants; quelques uns exigent des facultés supérieures. »

Quoiqu'on nomme *savants* les individus qui observent les astres, posent des équations, écrivent des livres, etc., ceux qui battent le fer, taillent des pierres, font des souliers ou fauchent les prés ont aussi leur science, et les premiers, pour travailler dans leur partie, n'ont pas besoin de facultés supérieures, mais seulement d'un autre apprentissage.

« Notre supériorité intellectuelle, dira-t-on encore, est clairement démontrée par nos œuvres. Nous sommes supérieurs aux hommes primitifs autant qu'une locomotive à vapeur est supérieure à une hache de pierre. »

Que les hommes primitifs n'aient fabriqué que des haches de pierre c'est la preuve qu'ils n'avaient pas besoin de fabriquer autre chose, mais non que leur intelligence fût inférieure à la nôtre.

Quand on considère, d'un côté, que la locomotive est l'œuvre d'un grand nombre d'hommes, qu'elle résulte des travaux de nos pères et des connaissances accumulées depuis des siècles, et que la part de chacun à cette œuvre se réduit à peu de chose; quand on considère d'un autre côté, que la hache de pierre est un travail accompli et calculé par un seul homme, sans outils, sans modèle et sans maitre, il faut conclure que l'auteur de la hache était moins instruit, sans doute, mais tout aussi intelligent que les constructeurs de la locomotive.

Il ne faut pas confondre l'intelligence avec l'instruction. Il a fallu aux hommes primitifs, pour inventer le feu, l'arc et les flèches, autant de méditation et de génie qu'il nous en a fallu pour inventer la poudre et l'imprimerie.

Pour distinguer un ennemi par les traces laissées sur le sol, il faut autant de perspicacité que pour déchiffrer les hiéroglyphes de l'obélisque.

On prend l'intelligence pour le résultat du progrès, tandis que c'est le progrès qui résulte de l'intelligence.

Selon le darwinisme, « les races humaines inférieures s'éteignent par la concurrence vitale des races supérieures. »

Toutes les affirmations au sujet des races plus ou moins supérieures seront absolument insignifiant estant qu'on n'aura pas dit positivement de quelle supériorité il s'agit.

Il y a plusieurs sortes de supériorités : celle de l'intelligence, celle de l'instruction ou de la civilisation, celle de la force, celle du courage, celle du nombre, et enfin celle que donne la *fortune* des armes.

Les morts et les blessés, dans les combats, ne sont pas choisis parmi les individus les plus faibles et les plus mal conformés, qui, au contraire, restent chez eux ordinairement et deviennent des reproducteurs.

La concurrence et la fortune commerciales ne favorisent pas toujours les gens les plus parfaits.

L'histoire prouve que les vainqueurs dans la guerre ne sont pas toujours les hommes les plus intelligents, ni les plus civilisés, ni les plus courageux, ni les plus nombreux; que la victoire dépend des circonstances imprévues, des lieux, des climats, de l'aptitude à supporter les fatigues, des qualités des chefs, etc.

L'histoire prouve encore que les races victorieuses n'ont pas toujours exterminé les races vaincues, que souvent il y a eu mélange et croisement et que, par conséquent, si les inférieures ont été éteintes par ce croisement, les supérieures l'ont été aussi.

D'ailleurs des observations nombreuses prouvent que la métisation est un mal qui progresse et contribue beaucoup à notre décadence (1).

---

(1) Journal la *République Française*, 30 mars 1875, feuilleton scientifique.

LES INSTINCTS.

On dit encore que les instincts sont des habitudes héréditaires, et l'on veut faire entendre qu'ils sont le résultat du hasard, des forces physico-chimiques et d'une élection naturelle.

Les instincts ne sont, pas plus que les organes, le résultat d'une élection et le produit du hasard, ils sont des impulsions que la Cause intelligente donne à son œuvre.

L'habitude peut les modifier, sans doute, mais, comme les organes, ils existent avant toute habitude et toute élection.

Comment les nouveaux-nés auraient-ils acquis la prétendue habitude de têter, et les canards, sortant de l'œuf, celle de nager, de plonger et de connaître ce qui peut les nourrir?

Les instincts ne sont explicables que par la parfaite intelligence de la Cause qui organise.

On dit encore que la nature est insensible, impitoyable, on dit même que les sentiments n'ont rien à faire avec la science positive.

Les sentiments ce sont les instincts, les intuitions; ils composent entièrement la vie, l'organisation, l'intelligence et la science.

Ils sont indispensables à la conservation des individus et des espèces. La Nature leur assigne, comme aux organes, des fonctions et un but. Elle nous donne la pitié pour protéger les animaux, donc elle n'est pas impitoyable.

Ce n'est pas en vain qu'elle nous donne l'admiration qui s'attache à la beauté des êtres, aux grands spectacles du ciel et de la terre, ainsi que les sentiments indéfinissables de l'infini qui naissent de la poésie, des chants et de l'amour platonique, qui ont leur objet au delà de vie la terrestre et sont pour nous des consolations et de mystiques espérances:

XXI

L'AVENIR DE L'ESPÈCE HUMAINE

La civilisation produit bien une augmentation de population ; mais cette augmentation est-elle constante et s'étend-elle à la population totale de la Terre ?

En tout cas l'on peut affirmer que cette population totale ne dépassera jamais un certain maximum et que, tôt ou tard, elle diminuera malgré toute civilisation, car il faut bien admettre que l'espèce humaine, comme toute autre, aura sa fin.

C'est par l'agriculture que la civilisation a le plus agi sur l'homme et sur l'augmentation du nombre des individus.

Or, voici quelques observations qui vont nous donner une idée de l'avenir de l'agriculture et, par suite, de celui de notre espèce.

La Nature tend à donner à la vie la plus grande extension ; elle sait, mieux que personne, trouver et faire croître les plantes les mieux accomodées aux divers sols et aux divers climats ; elle couvre notre planète d'une abondante végétation, où elle fait vivre un grand nombre d'animaux.

Pendant l'existence de cette végétation naturelle, c'est-à-dire des *forêts vierges*, les feuilles qui tombent, les plantes qui périssent, les déjections des nombreux animaux, les sables et les poussières qu'apportent les vents forment sur le sol une couche d'humus qui s'épaissit constamment et que fournit surtout l'atmosphère ; les nuages sont attirés, les pluies entretiennent l'humidité nécessaire et les sources coulent régulièrement.

Mais l'agriculture vient détruire les forêts vierges pour y substituer une végétation chétive et maladive qui ne peut subsister qu'à force de soins et de pénibles travaux ; avec les forêts disparaissent la plupart de leurs nombreux habitants, et ceux qui restent ne vivent plus que misérablement parce que leur organisation s'accomode mal à un milieu profondément modifié.

L'agriculture ne laisse croître aucune *mauvaise herbe* et enlève complètement toutes les plantes qu'elle a semées.

Le sol perd donc chaque année une partie de la matière nécessaire à la vie végétale.

Dans leur ensemble, les terrains cultivés perdent par l'enlèvement des récoltes plus qu'ils ne gagnent par les engrais ; car les engrais même les chimiques, sont fournis presque en totalité par les récoltes précédentes, les animaux étant des instruments de combustion qui empruntent moins qu'ils ne fournissent à l'atmosphère.

Les terrains cultivés s'appauvrissent donc sans cesse et finiront tôt ou tard par s'épuiser.

De plus, la terre végétale ameublie, n'étant plus retenue par les gazons et les racines, se laisse entraîner dans les cours d'eau par les pluies et les vents, les montagnes déboisées deviennent des rochers stériles où la sécheresse n'est interrompue que par les torrents et les inondations.

Un jour, peut-être, nous n'aurons plus que des monts arides, des steppes ou des marais comme on en voit dans des pays autrefois peuplés et fertiles.

Nous pouvons prévoir encore que, les grands animaux ayant été détruits par la guerre incessante, rapace et aveugle que nous leur faisons, les petits se multiplieront d'autant plus qu'ils auront moins d'ennemis et qu'il est plus difficile de les atteindre.

Alors les insectes, les vers, les chenilles, les hannetons, les rats, les sauterelles, les pucerons, les phylloxeras, les oïdiums, les ergots,

les botrylis, tous les germes d'infusoires, de
cryptogames, de parasites qui flottent dans
l'air et dans l'eau, qui sont les causes occultes
des épidémies et des épizooties, s'abattront
en quantité sur nous, nos animaux domestiques et nos plantes cultivées. L'action de ces
fléaux sera d'autant plus destructive que des
siècles de culture et de domesticité, c'est-à-dire
d'existence artificielle et pénible, ont affaibli
ces animaux et ces plantes et les ont prédis-
posés à devenir la proie de leurs ennemis.

Ajoutons à ces résultats l'épuisement im-
minent des guanos, des tourbes, des houilles
et des bois exploitables, et nous aurons une
idée de l'avenir de l'agriculture, de la civilisation et de la population.

Aussi bien que les organes, le milieu est indispensable à la vie; on peut donc considérer
l'atmosphère, la végétation et les arbres, éléments de ce milieu, comme étant nos propres
organes.

Les hommes abattant les forêts, sous prétexte
de bénéfice, agissent donc comme quelqu'un
qui se couperait les bras pour les vendre.

XXII

LA TERRE INCANDESCENTE.

Les darwinistes, les positivistes et les amis du progrès assurent que la Terre était autrefois inhabitable et inhabitée parce qu'elle était incandescente.

Mais le fait est-il bien positif?

Il est à peu près certain que les planètes, en général, sont peuplées, sinon d'hommes, du moins d'autres animaux. Il y a des habitants sur Saturne, Jupiter, Neptune et Uranus, comme il y en a sur Mars, la Terre, Vénus, Mercure et le Soleil.

Ceux de Mercure s'imaginent peut-être que la Terre est un désert glacé, tandis que ceux de Neptune croient notre globe calciné par les feux du Soleil.

Pendant qu'une température nous paraît

insupportable certains organismes y sont très-bien accomodés. La lumière que reçoivent les habitants de Neptune leur paraît aussi bril-lante que nous paraît celle que nous recevons, et les habitants du Soleil font peut-être du feu pour se chauffer.

Sur la Terre, la Nature organise avec de l'eau, du charbon, de l'azote, du phosphore, de la chaux, du sodium et du fer, parce que tous ces corps se trouvent à la surface de la planète.

Sur le Soleil, les matériaux employés par la même Nature à la construction des organes sont peut-être la silice et l'alumine en fusion, le mercure, le soufre et l'or en vapeur.

Si le Soleil et Mercure sont peuplés aujour-d'hui, pourquoi la Terre n'aurait-elle pas été peuplée quand elle était incandescente?

« On ne trouve pas, dira-t-on, de débris organiques dans les roches granitiques ou pri-mitives. »

On peut répondre que ces débris ont été détruits par la fusion ignée, que les animaux de l'époque granitique n'avaient pas d'osse-ments calcaires susceptibles de résister long-temps à l'action des dissolvants et de la chaleur.

Les êtres qu'on qualifie de *primitifs* le sont peut-être fort peu, et le progrès n'est pas ce que l'on pense,

XXIII

LE DROIT.

Il n'existe pas de droit *naturel* ni de loi *naturelle*. En dehors des lois qu'ils font, les hommes n'ont aucun devoir et aucun droit.

Les lois ne sont que le résultat de l'indépendance des volontés et de l'opposition des intérêts.

Notre volonté n'est pas indépendante de celle de la nature et nos intérêts ne sont point opposés aux siens. Elle n'a donc point de lois, de prohibitions à nous faire, de devoirs à nous imposer, de droits à nous prescrire.

L'intérêt particulier et l'intérêt général sont également les intérêts de la nature et ne sont point opposés chez elle.

La nature nous donne nos idées, nos sentiments, nos instincts, notre conscience et, par conséquent, notre volonté, qui n'est autre que la sienne.

Nos sentiments envers les hommes et les animaux, sympathie, antipathie, reconnaissance, vengeance, respect, amitié, pitié, sont des avertissements dont il importe de tenir compte, mais ne sont pas des commandements ou des lois.

Le mal qui nous arrive lorsque nous cédons à un sentiment plutôt qu'à un autre est un malheur, et non pas une punition attachée à une loi naturelle.

Toute punition est un *exemple* indispensable au législateur pour faire respecter sa loi et son intérêt.

Quand la nature a des intérêts à protéger elle emploie des moyens meilleurs et plus puissants que les punitions et les lois.

Elle ne fait de commandements à aucun animal et ne punit pas plus les hommes qu'elle ne punit les tigres.

Le dogme de l'*expiation* et des peines après la mort n'est qu'une inspiration de la vengeance et une puérilité barbare.

La *justice* n'est pas autre chose que la conformité au droit. Il n'y a donc pas plus de justice naturelle que de droit naturel, pas plus de justice absolue que de droit absolu.

Toute morale est une morale de l'intérêt, même quand on admet une loi naturelle.

En effet, il n'y a aucune raison pour obéir à une loi naturelle qui ne punit pas, que l'on peut toujours violer-impunément.

Et si l'on admet une loi naturelle qui punit la seule raison que nous ayons pour lui obéir c'est l'*intérêt* que nous avons à éviter la punition que tôt ou tard elle inflige.

Mais le véritable intérêt n'est pas toujours apparent; avec le spiritualisme, avec Dieu, avec l'âme éternelle et la mystérieuse solidarité qui existe entre tous les êtres présents, passés et futurs, il y a autre chose que l'intérêt apparent, matériel, positif et terrestre : il y a l'intérêt moral, inconnu, extra-terrestre.

L'idée de cet intérêt résulte moins des calculs de la raison et de la science que des instincts et des sentiments qu'on nomme la *conscience*.

LA MORALE DES MATÉRIALISTES.

Si l'on admet les principes de la philosophie matérialiste et soi-disant positive, qui prétend qu'il n'existe aucune intelligence supérieure à celle de l'homme, que tous les êtres sont le produit du hasard et que nous sommes pour toujours anéantis par la mort, non seulement il n'y a pas de droit naturel, mais encore l'honneur, la vertu, la conscience ne sont que des préjugés bons à exploiter chez autrui.

Qu'est-ce, en effet, que la vertu, la probité, auprès des intérêts pécuniaires et des jouissances matérielles, dans une vie éphémère qui résulte d'un aveugle hasard et n'a aucune suite?

Avec ces principes nos actes envers les hommes et envers les animaux ne sauraient avoir d'autre motif sérieux que l'intérêt le plus matériel et le plus égoïste.

Les louanges prodiguées aux grands hommes, à ceux qui travaillent pour la postérité ou qui meurent pour la patrie ne sont chez les matérialistes qu'une ridicule inconséquence.

« La morale, disent-ils, est essentiellement humaine et n'a rien de commun avec les hypothèses extra-terrestres. »

« Le vice et la vertu sont des produits comme le vitriol et le sucre. »

Vous êtes persuadés que les animaux et les hommes ne sont également qu'un assemblage d'atomes réunis par hasard, que leurs plaisirs et leurs douleurs ne sont qu'un effet fortuit des forces physico-chimiques et cessent définitivement à la mort; pourquoi ne traitez-vous pas alors les animaux comme vous traitez les hommes? Pourquoi dans vos expérimentations barbares distinguez-vous l'*anima vilis* de l'*anima nobilis*? Et pourquoi prétendez-vous que nous avons des devoirs naturels envers les uns et non envers les autres?

Ne parlez pas de droit naturel, de devoirs et de

moralité si vous n'admettez que des intérêts matériels et terrestres.

LA FORMULE DES BONS SENTIMENTS.

Le principe fondamental de la morale et des lois, l'impulsion des bons sentiments, la formule de la loi naturelle se trouve, dit-on, dans ce commandement : « Ne faites pas à autrui ce que vous ne voudriez pas qu'on vous fît. »

Ce commandement revient tout simplement à dire : Ne faites pas de mal à autrui.

D'abord les lois permettent souvent de faire du mal à autrui et par conséquent ne se fondent point sur le dit principe.

Ensuite les bons sentiments, la conscience, la morale ou, si l'on veut, la loi naturelle, ne nous empêchent pas toujours de nuire aux animaux et aux hommes et nous font agir autrement envers nos amis, autrement envers nos ennemis.

Donc la formule de la morale ne saurait être le commandement en question.

Sacrifier notre intérêt à l'intérêt commun c'est, il est vrai, l'impulsion des bons sentiments, mais seulement quand il s'agit de nos amis.

Combattre nos ennemis avec courage et avec générosité, avoir pitié de tout être qui souffre, nous abstenir de tout mal envers les animaux et les hommes, à moins d'y avoir un intérêt majeur, respecter les œuvres et le but de la bienveillante et mystérieuse Nature, c'est encore ce que la conscience nous porte à faire.

La nature ne nous dit pas de nous sacrifier pour autrui ; elle n'a pas besoin de nous pour faire le bonheur des êtres ; en ne leur faisant aucun mal nous leur faisons assez de bien.

« Les lois, dit-on, sont fondées sur la connaissance du *juste*, qui est écrite dans tous les cœurs et constitue la loi naturelle. »

Le *juste* n'est que la manière de régler les intérêts conformément aux lois, n'existe pas avant les lois et n'en est pas le fondement.

La connaissance du juste n'est que celle des lois et des intérêts qu'il s'agit de régler. C'est une connaissance naturelle, sans doute, mais ce n'est pas une loi naturelle.

LA PROPRIÉTÉ

La propriété n'est pas un droit naturel. Ce n'est pas davantage un droit naturel acquis et transmis ; car on ne saurait acquérir et transmettre ce qui n'existe pas.

LA SOUVERAINETÉ

« La souveraineté, dit-on, est l'autorité suprême, imprescriptible et naturelle. »

C'est-à-dire, le droit de toujours commander.

Cette souveraineté imprescriptible est singulièrement traitée parmi nous. On la prescrit de toutes les façons, on l'ôte aux uns pour la donner aux autres, on l'étend, on la restreint, on y renonce, on la reprend, on se la dispute et l'on en dispute sans cesse.

S'il existait une loi naturelle, donnant un droit de souveraineté, cette loi serait invariable, n'aurait besoin de personne pour organe ou interprète, nous ne pourrions pas renoncer à la souveraineté ou bien nous la passer de main en main comme un billet à ordre.

L'attribuer tantôt à un individu, qui est le roi, tantôt à plusieurs, qui sont la *majorité*, tantôt au peuple entier, c'est se contredire.

D'ailleurs il n'y a pas de raison pour l'attribuer à un individu plutôt qu'à un autre, à une majorité plutôt qu'à une minorité.

Dire qu'elle appartient à tous c'est dire que tous ont le droit de toujours commander, c'est composer une armée de généraux en chef. Dire que chaque citoyen en a sa part est une absurdité ; car une autorité partagée n'est pas une autorité suprême, un commandement partagé n'est pas un commandement supérieur.

On a des droits ou l'on n'en a pas ; mais l'on n'a pas des fractions de droit.

Dire que la souveraineté appartient à l'accord

des volontés, c'est dire qu'elle cesse aussitôt que les volontés ne sont plus d'accord.

On s'imagine que le droit de *voter*, le droit de *suffrage*, est la part de chacun à la souveraineté ; il est vrai que c'est un droit, mais c'est à peine celui de choisir ses maîtres.

La souveraineté n'est pas un droit naturel ; ce n'est pas non plus un droit prescrit.

Il faut conclure que c'est seulement le pouvoir et la force de ceux qui font la loi.

DÉFINITION DE CICÉRON.

Ce qu'on trouve de meilleur pour soutenir la thèse de la loi naturelle c'est ce qu'on nomme. *la belle définition de Cicéron.*

« Il est une loi véritable, la droite raison conforme à la nature, se répandant sur tous, éternelle, dont les ordres sont destinés à appeler au devoir, les prohibitions à détourner du mal… Il n'est permis ni de l'abroger tout entière ni d'y déroger en partie. Le sénat ni le peuple n'ont le pouvoir de nous délier envers elle de l'obéissance. Elle n'a besoin de personne pour interprète ou organe. Cette loi ne sera pas autre dans Rome, autre dans Athènes ; elle ne sera pas demain autre qu'aujourd'hui, mais une, éternelle, immuable, elle dominera tous les peuples et tous les temps. »

A ces paroles de Cicéron l'on trouve bon d'ajouter ce qui suit :

« Cette loi, unie à la force, assurerait le bonheur de l'humanité, dont les plus nobles représentants s'évertuent sans relâche à conseiller et à essayer l'alliance. . . . . . . »

« La force sans le droit serait la brutalité inintelligente et l'extermination universelle ; le droit sans la force se verrait réduit à des protestations sans espérance et aux stériles gémissements d'une débile servitude. L'ordre, haut besoin social, ne règne que par leur accord. » (1)

Selon cette définition de Cicéron la loi naturelle serait « la droite raison conforme à la nature. » Mais comment la droite raison est-elle conforme à la nature ? C'est ce que Cicéron ne dit pas. D'ailleurs la raison n'est jamais une loi, les résultats de nos raisonnements ne sont ni des ordres ni des prohibitions.

Du reste, définir la loi naturelle par le devoir et le mal c'est un *cercle vicieux*, car on définit le devoir et le mal par la loi naturelle.

Ce que l'on ajoute à la définition de Cicéron peut se résumer en ceci :

« Allier la force à la loi naturelle c'est le but que, pour le bonheur de l'humanité, les législateurs se proposent, mais que, jusqu'à présent, ils n'ont pu atteindre complètement. »

_____

(1) Journal le *Siècle,* 6 novembre 1872.

On suppose donc une loi naturelle qui n'est pas unie à la force, c'est-à-dire à laquelle on n'est forcé d'obéir par aucune pénalité.

Mais toute loi, tout commandement qui n'est pas uni à la force, qui n'inflige aucune punition, que l'on peut violer impunément, n'est qu'une chimère.

Et s'il existe une loi naturelle qui punisse on n'a pas besoin de l'unir à la force ; tous les changements, toutes les additions qu'on y fait ne sont que des altérations, des dérogations, des injustices ; on a tort de lui donner les organes ou interprètes que, selon Cicéron, elle ne demande pas, et les lois humaines qui s'y appuient ne sont que des lois parasites.

D'ailleurs, aussitôt qu'on y ajoute quelque chose elle n'est plus naturelle.

Le but des législateurs est bien l'ordre, haut besoin social, mais ce n'est pas le bonheur de l'humanité.

XXIV

LA SOCIÉTÉ

> Notre ennemi c'est notre maître,
> Je vous le dis en bon français.
>
> (LA FONTAINE).

Chez les hommes, comme chez tous les animaux, il y a opposition d'intérêts, concurrence vitale, guerre naturelle.

A l'origine cette guerre a pu se faire individuellement ; mais on comprit bientôt que deux hommes sont plus forts qu'un seul et moins forts que dix, en un mot, que le nombre augmente la force et promet la victoire.

La découverte de ce fait fut le premier progrès de la science et le commencement des sociétés.

Elles ne furent inventées et ne sont conservées que pour protéger par la force les intérêts matériels et positifs des associés ou citoyens.

L'élément essentiel de la force, des lois et des sociétés ce sont les armées.

On ne peut plus aujourd'hui se passer impunément des sociétés politiques, pas plus que du fer et de la poudre.

« La guerre, en général, sera-t-elle empêchée par le prodigieux accroissement de puissance qu'ont reçu de nos jours la grosse artillerie et les armes portatives ? C'est une thèse que bien des personnes aiment à soutenir.... Nous ne partageons pas cet optimisme. La guerre nous apparaît comme un état inévitable et fatal dans les sociétés humaines....; pour la bannir il faudrait arracher à l'homme ses instincts..... »

« Née à l'origine des sociétés, la guerre ne disparaîtra qu'avec elles. » (1).

Au mot *société* l'on se figure tout d'abord une réunion d'amis ; mais il n'est que trop facile de prouver que les sociétés modernes ne sont le plus souvent que des alliances d'ennemis.

Nos ennemis les plus implacables ne viennent pas toujours de l'autre côté des frontières.

Il y a souvent plus de haine entre les concitoyens qu'entre eux et les étrangers.

(1) Louis Figuier, *Les Merveilles de la Science.*

Si les concitoyens était des amis les lois seraient inutiles; mais les lois et les pénalités sont indispensables pour empêcher qu'ils ne s'entr'égorgent.

Les vols, les meurtres et la guerre civile se produisent souvent malgré ces pénalités et ces lois.

Il y a cependant entre les individus, comme entre les nations, une guerre permanente et plus meurtrière qu'il ne semble : c'est la concurrence, inséparable du droit de propriété, droit dont la conservation est le but principal des lois.

La concurrence est dans le commerce, dans les arts, dans la politique, dans la distribution des emplois; elle produit l'inégalité des fortunes et des positions sociales.

Cette inégalité démontre bien que les concitoyens ne sont ni des amis ni des frères. Car il est évident que ceux qui regorgent de superfluités ne sont pas les frères de ceux que les misères accablent.

Il y a bien entre eux quelque *charité*, mais la *fraternité* est autre chose

Ce n'est pas dans la politesse ou dans les formules banales qui ornent les discours publics ou le style épistolaire qu'il faut chercher la mesure des véritables sentiments qui existent entre les concitoyens; on trouverait plutôt cette mesure dans le mot du philosophe anglais :

« *Homo* [*homini lupus.* » mot que certains propriétaires semblent prendre pour devise en le
traduisant sur des écritaux ainsi conçus : « *Il y
a des piéges à loup dans cette propriété.* »

On aime à supposer que les pénalités et les
lois, ainsi que les murs et les serrures sont des
choses faites seulement contre les *coquins*, et
que ces coquins sont organisés autrement que
les *honnêtes gens*.

Ce qui fait les coquins ce n'est pas des organes
ou des instincts particuliers, et ce qui fait les
honnêtes gens ce n'est guère que la crainte des
punitions et l'obstacle matériel qu'on rencontre
dans la violation des lois,

Il est vrai que les individus se distinguent
par les sentiments; mais les meilleurs de nos
sentiments sans les pénalités seraient impuissants pour faire respecter les lois.

LA FRATERNITÉ, LE PATRIOTISME.

Le vrai *patriotisme* n'est, au fond, que la
fraternité ou l'amitié.

Ce sentiment a dû régner dans les familles et
les tribus antiques. Mais nous voyons tous les
jours, parmi nous, des parents égoïstes s'ar-
mer de leurs droits, plaider les uns contre les
autres, de petits despotes considérer comme
une propriété leur femme et leurs enfants, et
ceux-ci avoir besoin de la protection des lois.

Comment peut-il exister chez les concitoyens des sentiments qui sont à peine dans les familles ?

D'ailleurs il n'y a pas de patriotisme sans la patrie, et qu'est-ce que la patrie aujourd'hui ?

Est-ce notre village, l'état auquel nous payons l'impôt, la nation qui s'empare de notre pays, ou bien celle qui en retire ses soldats ? Quelle est la patrie des Alsaciens, des Polonais, des Vénitiens, des Niçois, des Arabes d'Alger, des esclaves de Constantinople ?

Peut-on changer de patrie et de patriotisme comme on change de cocarde ?

La patrie aujourd'hui n'est qu'un mot, bon pour orner les chansons et les discours publics.

L'ÉGALITÉ

On dit que nous sommes égaux devant la loi.

Cette proposition a l'air de signifier quelque chose, mais elle ne signifie rien du tout.

Ici le mot « *la loi* » s'entend dans plusieurs sens.

Il est évident qu'il existe parmi nous une grande inégalité sociale, et c'est précisément la loi sociale qui nous donne cette inégalité. Nous ne sommes donc pas égaux devant la loi.

Mais le mot « *la loi* » s'entend aussi dans le sens de *particularité de la loi*, et alors nous sommes égaux devant la loi, le garde champêtre

6.

est l'égal du ministre, le soldat est l'égal de son colonel, le propriétaire est l'égal de ses paysans et de ses domestiques et même l'esclave est l'égal de son maître.

« Tous les citoyens, dit-on, prennent part à la confection des lois. »

C'est la part de souveraineté dont nous avons parlé, une part fort inégale.

Quand des forts et des faibles, des vainqueurs et des vaincus, des seigneurs et des vassaux, des riches et des pauvres font ensemble des lois et des traités, on comprend comment les droits et les devoirs y sont distribués et quelle sorte d'égalité il y aura.

Les sociétés modernes sont comme celle de la fable de La Fontaine où le lion fait sa part :

> « La génisse, la chèvre et leur sœur la brebis,
> « Avec un fier lion, seigneur du voisinage,
> « Firent société, dit-on, au temps jadis.
> « . . . . »

La véritable égalité devant la loi ce serait l'abolition de la propriété, l'égalité absolue des devoirs et des droits.

LA LIBERTÉ.

De même que le mot *la loi*, le mot *la liberté* est souvent entendu de plusieurs manières et devient le sujet d'un verbiage, aussi confus qu'animé, que l'on prend pour de la science ou de la philosophie.

La liberté, en général, c'est l'absence de contrainte.

Il y a diverses libertés et divers degrés de chacune de ces libertés.

La liberté sociale, ou politique, ou civile, est celle que donnent les lois sociales ou politiques; mais comme les lois ne sont que des commandements, c'est-à-dire des prohibitions ou des contraintes, elles ne donnent pas la liberté, elles la restreignent, et la liberté politique n'est que le reste de la soustraction faite à la liberté par les lois.

La partie soustraite ou prohibée c'est la *licence*.

On dit quelquefois que la véritable liberté consiste à n'obéir qu'aux réglements et aux lois.

C'est bien la liberté politique, mais ce n'est pas la liberté. Ces réglements et ces lois ne sont quelquefois que la volonté d'un despote.

Plus il y a de règlements, de lois et de discipline moins il y a de liberté. Et comme il n'y a pas de gouvernement sans lois, aucune société, aucune forme de gouvernement ne peut donner la liberté.

Par conséquent toute société, tout peuple a sa liberté politique, c'est-à-dire qu'il a toujours plus ou moins de liberté, mais n'a jamais la liberté.

La liberté politique étant ce que les lois permettent, c'est l'ensemble des droits. Ces droits
étant inégaux, la liberté politique est inégale.

Les droits, la liberté politique d'un peuple
n'est que celle des individus qui le composent ;
et pour augmenter cette liberté il ne suffit pas
d'augmenter celle d'une classe de citoyens.
Augmenter les droits des vassaux c'est diminuer les droits des seigneurs.

La liberté politique la plus grande c'est le
pouvoir absolu, et une liberté politique égale
pour tous c'est l'égalité absolue des droits,
c'est-à-dire le parfait communisme.

Le progrès de la civilisation augmente les
besoins et diminue la liberté ; car nous avons
d'autant moins d'indépendance que notre vie
dépend de plus de soins à prendre et de plus de
conditions à remplir.

La science est utile, sans doute, à ceux qui la
possèdent, mais fatale à ceux qui ne la possé-
dent pas ; c'est une force et une arme.

A mesure que cette force augmente chez les
étrangers, chez les ennemis, il faut y opposer
une résistance croissante, il faut s'emparer de
cette arme et la perfectionner ; alors les peuples
sont condamnés à des travaux croissants, à une
augmentation constante des impôts, pour équi-
per des armées de plus en plus nombreuses et
plus besogneuses, pour faire des constructions

navales et terrestres de plus en plus coûteuses ; alors la société devient une landwehr, une land-sturm, qu'il faut gouverner avec une loi et une discipline de plus en plus despotiques.

C'est ainsi que la liberté, la meilleure chose du monde, comme dit un philosophe ancien, est de plus en plus restreinte par les progrès de la science et de la civilisation.

LA LIBERTÉ DE FÉNELON

D'après Fénelon et Rousseau la liberté c'est le pouvoir de faire ce que l'on veut, et l'on peut être libre même dans les fers.

Il est certain que, même dans les fers, on a toujours quelque liberté ; mais cette liberté dans les fers, quelque grande qu'elle puisse devenir n'est qu'*une* liberté particulière et restreinte, ce n'est pas *la* liberté.

La liberté n'est pas le pouvoir de faire ce que l'on veut, car ce que l'on veut c'est souvent ce que l'on est contraint de faire ; ce pouvoir alors n'est que la liberté d'obéir.

LA LIBERTÉ MORALE OU LIBRE ARBITRE, LA RESPONSABILITÉ.

Il existe encore une autre sorte de liberté qui a donné lieu à de grandes disputes, toujours parce qu'on a négligé le véritable sens des mots: c'est la *liberté morale* ou *libre arbitre*.

Il est certain que dans nos actes, notre volonté, notre choix, nous sommes souvent libres, indépendants, il y a toujours quelque chose qui ne nous contraint pas; mais il ne s'agit alors que d'une indépendance ou liberté *relative*, car il y a toujours quelque chose qui nous contraint, qui force ou détermine nécessairement notre choix.

Notre volonté, nos actes, dépendent *toujours* de notre organisation, de notre éducation, des événements et du milieu où nous vivons. Nous avons le choix, sans doute, mais c'est toujours le résultat *forcé* du plus fort de nos sentiments.

La preuve c'est que, étant donnés l'organisation d'un individu et le milieu où il se trouve, que cet individu soit un homme, un enfant ou un animal, on peut toujours prévoir son choix et ses actes.

Voici un raisonnement qu'on entend quelquefois: « Il n'y a pas de responsabilité sans liberté morale. Si les hommes ne sont pas plus libres que les enfants, les fous et les animaux personne n'est responsable de ses actes, il n'y a jamais de coupables et les lois ont tort de condamner et de punir. »

Les hommes sont plus libres que les enfants, les animaux et les fous; leur liberté morale n'est pas absolue, elle est seulement relative;

mais ceux qui font la loi jugent cette liberté
suffisante pour qu'on puisse obéir et qu'on
soit responsable devant eux. Ils n'ont point à
s'occuper d'une autre responsabilité que celle
qu'ils font eux-mêmes et d'une autre justice
que la conformité à leur loi. Comme d'ailleurs
ils n'ont d'autre but que la protection de
certains intérêts, ils n'ont pas tort de punir
quand ces intérêts sont protégés par les
punitions.

Les enfants et les fous ont bien aussi une
liberté morale, mais celle-là n'est pas jugée
suffisante par les législateurs pour déterminer
l'obéissance, la responsabilité, la culpabilité et
l'utilité de la punition.

Un désir irrésitible de l'argent de la victime,
la conviction d'échapper aux gendarmes, une
superbe occasion déterminent la volonté d'un
voleur ; dira-t-on qu'il n'a pas la liberté morale
et n'est pas responsable parce que sa volonté
n'a pas une indépendance absolue ?

Loi naturelle, indépendance absolue de la
volonté, responsabilité devant cette loi, ce sont
des chimères.

XXV

ECONOMIE POLITIQUE.

L'économie politique est l'étude des richesses.

L'air, la terre, les eaux et les produits naturels sont une première sorte de richesses ; les produits de la science et du travail en sont une autre.

Les premières sont indispensables à la vie et ne peuvent augmenter dans leur ensemble ; on ne saurait les acquérir qu'autant qu'elles sont perdues par quelqu'un.

Les secondes sont moins nécessaires ; elles ont aussi leurs limites et deviennent encore un objet de lutte et de concurrence.

Un moment arrive toujours où les nations, comme les individus, ne peuvent s'enrichir qu'aux dépens d'autrui.

Ne pouvoir satisfaire à des besoins multipliés,

ne pouvoir vivre sans le secours de gens dont les intérêts sont contraires aux nôtres, sans le travail de nos ennemis, être forcés de nous associer ou de traiter avec eux, c'est à quoi nous a conduits le progrès, c'est sur quoi se fonde ce qu'on nomme aujourd'hui *la société*.

L'échange, ou commerce, n'est employé pour l'acquisition des richesses qu'autant que la force et la conquête sont des moyens impuissants ou insuffisants.

D'ailleurs le commerce et le travail ont toujours besoin de la protection des armes.

La richesse n'est possédée que par la force.

Il faut des canons ou des vaisseaux de guerre pour protéger les navires marchands.

La déesse d'Athènes préside à l'industrie et à la civilisation, mais ne quitte pas son casque et sa lance.

Mercure est le dieu des marchands et des voleurs ; la paix qu'il met chez les hommes est parfaitement symbolisée par les serpents de son caducée, adversaires pleins de venin qui se font des politesses.

La science est, pour les peuples, le plus puissant moyen d'acquérir les richesses de toutes sortes ; car c'est elle qui perfectionne les instruments de guerre et les sociétés politiques. Mais elle est moins utile à ceux qui la possèdent que funeste à ceux qui ne la possèdent pas. Nous sommes obligés sous peine de mort de suivre ses progrès. C'est le Sphinx qui nous dévore quand nous n'expliquons pas ses énigmes.

Parmi les fruits de l'arbre de la science la mitraille et les canons d'acier sont des plus beaux et des plus utiles.

Avant Christophe Colomb, Vasco de Gama et Cook, les peuples de l'Amérique, de l'Inde et de l'Océanie étaient riches quoique nus ; mais, dès le jour où les escadres de l'Europe jetèrent l'ancre dans leurs eaux, ils furent pauvres.

L'ambition et la cupidité caractérisent l'homme de notre époque. Quand il est riche il veut s'enrichir encore, quand il possède une province il veut un empire. Il s'attribue un droit naturel, c'est-à-dire un droit divin, sur tout ce qu'il peut saisir. Pour lui tout devient objet de lucre, propriété, marchandise et valeur.

La valeur d'un objet c'est son utilité comparée. Ce n'est donc pas une chose fixe et inhérente à l'objet même ; c'est quelque chose qui varie selon les personnes et les circonstances. Chaque objet peut avoir en même temps plusieurs valeurs.

Lorsque, par exemple, Pierre achète du pain à Paul et paie en or, le pain vaut l'or et l'or vaut le pain, c'est-à-dire que les deux objets ont des valeurs égales.

Mais l'on ne fait point d'échange si l'on

n'y trouve un bénéfice ou excédant de valeur. Pierre trouve donc son bénéfice dans le pain et Paul trouve le sien dans l'or.

Le pain à donc tout à la fois une valeur égale à celle de l'or, une valeur supérieure et une valeur inférieure.

Egale quand on compare le pain reçu à l'or reçu, supérieure quand on compare le pain reçu à l'or donné, inférieure quand on compare le pain donné à l'or reçu.

Il y a toujours ces diverses valeurs quels que soient les objets de l'échange : marchandises contre marchandises, travail contre argent, etc.

Pour mesurer les richesses, les bénéfices et les valeurs on se sert ordinairement de la valeur *nominale* de la monnaie ou argent, valeur *pécuniaire*.

C'est une indication de quantité, un chiffre qui ne saurait fixer l'utilité, la valeur réelle de la monnaie, et nous expose à beaucoup d'erreurs.

Une pièce de vingt francs, par exemple, a bien toujours une valeur nominale ou pécuniaire de vingt francs, mais sa véritable valeur ou utilité varie beaucoup selon les personnes et les circonstances.

Il y a autant de sortes de valeurs, d'utilités, de richesses et de bénéfices qu'il y a d'objets et de manières de s'en servir : valeurs et richesses naturelles, artificielles, nécessaires, fictives, no-

minales, valeurs 'sans valeur, bénéfices nui-
sibles.

Les véritables maîtres du sol ne sont pas
toujours ceux qu'on nomme les *propriétaires*,
et qui paient les impôts et les tributs; mais
plutôt ceux qui reçoivent ces impôts.

Il y a plusieurs sortes et plusieurs degrés de
propriétés.

Le prix n'est pas la valeur; c'est l'objet que
l'on donne ou que l'on reçoit en échange.

Certains objets et certains travaux ont une
grande valeur *dans le commerce* et sont payés
d'un grand prix, tandis qu'ils n'ont d'ailleurs
qu'une valeur presque nulle.

D'autres objets et d'autres travaux n'ont au
contraire que peu de valeur commerciale, et
sont payés d'un faible prix, quoique souvent
fort utiles, ou même indispensables à la vie.

Pourquoi de tels prix et si peu d'équité dans
la distribution des salaires?

Les salaires et les prix sont déterminés
d'abord par la rareté des travaux et des objets,
ensuite par l'avantage ou le plaisir qu'on y
trouve, et surtout par l'inégalité des fortunes.

Les riches disposent de beaucoup d'argent;
après la satisfaction complète de leurs besoins
il leur reste encore à dépenser la plus grande
partie de leur revenu, partie qui dès lors n'a
pour eux qu'une valeur d'agrément ou de futi-

lité, et qui sert à payer de grands prix pour des futilités ou des plaisirs plus ou moins réels.

Les anciens démontraient par la fable de Midas que l'or, la monnaie et les objets de luxe n'ont qu'une valeur d'échange et d'emprunt.

La multiplication par un même nombre du contenu de toutes les bourses n'ajouterait rien à la fortune générale ni à celle des particuliers; chaque bourse perdrait en valeur, par la multiplication du contenu des autres, exactement ce qu'elle gagnerait par la multiplication du sien, ainsi qu'une fraction perd par la multiplication de son dénominateur exactement ce qu'elle gagne par celle de son numérateur.

Une pluie d'or sur tout le globe ne serait pas plus utile qu'une pluie de pierres.

La plupart des richesses que produisent la science et la civilisation n'ont, comme l'or et l'argent, que des valeurs empruntées, fictives, de cours forcé par la mode et l'habitude, ou bien n'ont, comme les armes, qu'une utilité nuisible.

La vie moderne tout entière, comme dit Pierre Véron, est une fausse monnaie.

XXVI

CE QUE DEVIENT LA SOCIÉTÉ

Les progrès de la civilisation établissent entre les peuples des liens de toutes sortes : unité de poids et mesures, de monnaies et de costumes, commerce de marchandises, de sciences et de langues, navigation, chemins de fer, postes, télégraphes, congrès, extraditions, droit des gens, ambassades, budjets communs, décorations honorifiques et métisation des races.

Le renversement progressif des anciennes barrières qui séparaient les sociétés politiques tend à les réunir en une seule grande société.

Les guerres internationales semblent devenir plus rares et plus modérées ; elles sont réglées par des lois et n'ont plus le but qu'elles eurent dans l'antiquité : l'extermination ou l'expulsion des vaincus.

Il semble donc que le progrès nous conduise à une paix universelle et définitive.

Hélas ! il n'y a là qu'une apparence trompeuse, et cette paix n'est qu'une guerre déguisée.

Malgré tout équilibre européen, en dépit de toute alliance internationale, il restera toujours un ennemi à combattre ou à tenir en respect : cet ennemi, plus implacable, plus acharné que tout autre, c'est l'ennemi *intérieur*.

« Tout autour de nous retentit sans cesse à nos oreilles le roulement des tambours et le bruit assourdissant des canons ; partout des casernes, des bataillons, des villes ceintes de fossés et de forteresses. Et qu'on ne s'y trompe point, ce formidable attirail de guerre a pour objet non-seulement de tenir tête au débordement des invasions et aux coalisations menaçantes, mais encore de garantir le foyer domestique du pillage et de la flamme incendiaire, de telle sorte qu'on ne sait si chaque citoyen n'est pas un ennemi vaincu préparant la vengeance du lendemain. (1) »

(1) *Le Moniteur financier*, citant le *Paris-journal*, 22 octobre 1872.

XXVII

LA RÉGÉNÉRATION

Dire que nous sommes des êtres perfection-nés et demander une régénération c'est se contredire.

Si nous avons besoin de régénération c'est que nous sommes dégénérés.

La régénération est possible dans certaines limites ; mais régénérer complètement l'espèce humaine n'est pas plus facile que de rajeunir les vieillards.

Encore faut-il connaître la différence qui existe entre les hommes dégénérés et les hommes régénérés.

Le bon sens et l'observation nous apprennent que l'homme régénéré réunit les qualités du guerrier : force, courage, adresse, aptitude à supporter les fatigues et les privations, bons sentiments, bons instincts, sobriété, réduction des besoins au minimum.

Ces qualités ne sont guère celles des riches, qui, au contraire, ont de nombreux besoins créés par l'habitude des richesses. Ils ont l'habitude et le besoin d'être bien nourris, bien vêtus, bien logés, bien chauffés l'hiver, bien rafraîchis l'été, de ne pas se fatiguer et de prendre beaucoup de plaisirs.

Les richesses amollissent et font perdre, par l'habitude, la force de sacrifier les plaisirs à l'intérêt et au devoir.

Pour essayer une régénération il faut donc commencer par renoncer aux richesses, à celles du moins que le progrès a créées. Or il est probable qu'on n'y renoncera pas, et que nos essais de régénération n'auront guère de succès.

Lycurgue avais bien compris que la régénération ne peut se faire que par l'éducation guerrière.

« La guerre est encore, dans bien des cas, le seul moyen de régénérer un peuple endormi dans une indolence funeste, prêt à s'abandonner lui-même, abruti par un long abus des jouissances matérielles et par la servitude.... »

« L'armée est la meilleure école de l'homme, c'est l'asile des grandes qualités morales... » (1)

(1) Louis Figuier, *Les Merveilles de la Science.*

« *Horum omnium fortissimi sunt Belgæ,
propterea quod a cultu atque humanitate
Provinciæ longissime absunt, minimeque ad
eos mecatores sæpe commeant, atque ea quæ
ad effeminandos animos pertinent, important. Proximi sunt Germanis qui trans Rhe-
num incolunt, quibuscum continenter bellum
gerunt.* » (1)

(1) *C. J. CÆSARIS commentarii de bello gallico liber* 1.

XXVIII.

QUESTIONS COSMOLOGIQUES.

Magnus ab integro sœclorum nascitur ordo.

—

LES ATOMES ET L'IMPÉNÉTRABILITÉ.

Les savants ont l'habitude de croire qu'il existe des *atomes* et des *molécules*. Les positivistes, qui prétendent ne rien admettre sans preuve, vont jusqu'à s'accomoder des atomes crochus d'Epicure.

Tous les corps ont une force variable de résistance, qui est une de leurs propriétés essentielles, mais cette résistance est toujours limitée.

La grandeur et la petitesse ne sont que le résultat d'une comparaison.

Il n'y a pas de raison pour donner à tous les atomes la même forme et la même grandeur. Il faudrait donc admettre des atomes cubiques, sphériques, prismatiques, filiformes, aplatis, annulaires, crochus, etc., et leur donner des dimensions variées, aussi bien un millionième de millimètre qu'un décimètre ou un mètre de longueur.

Puisqu'on leur attribue l'indivisibilité et l'inflexibilité ce seraient des corps doués d'une résistance *illimitée*, et qui, par conséquent, quoique plus fins que des fils, résisteraient sans se rompre à tous les chocs et à tous les efforts.

L'hypothèse des atomes a été imaginée pour expliquer la forme, le mouvement et la résistance des corps; mais ces atomes auraient aussi leurs formes, leurs mouvements et leur résistance qu'il faudrait expliquer encore; ils servent donc à reculer la question et non à la résoudre.

Pour démontrer la divisibilité et l'élasticité on suppose ensuite que les corps sont des essaims de molécules tenues à distance par l'attraction et la répulsion ; mais c'est une seconde hypothèse aussi hasardée que la première.

Ou bien l'attraction est supérieure à la répulsion, alors les molécules arrivent à se toucher, il n'y a plus d'élasticité, de flexibilité, de compressibilité.

Ou bien la répulsion est supérieure à l'attraction, alors il n'y a plus de corps solides que les molécules mêmes, car elles s'éloignent les unes des autres comme celles qu'on prête aux gaz.

Ou bien les deux forces sont égales, et dans ce cas elles se détruisent l'une par l'autre, rien ne retient plus les molécules, il n'y a plus ni gaz, ni liquides, ni solides.

Et puis comment concilier la transparence des corps avec l'opacité et l'impénétrabilité des atomes ?

Comment expliquer le contact des solides lorsque, étant des essaims de molécules, ils devront, poussés les uns sur les autres, non pas se choquer, mais s'enchevêtrer ou se traverser comme un essaim de mouches traverse une nuée de sauterelles ou comme la poussière traverse le brouillard ?

On dira que l'impénétrabilité prouve l'existence des atomes.

Mais qu'est-ce qui prouve l'impénétrabilité ?

Les corps résistent bien à la pression pendant longtemps et avec beaucoup d'énergie ; mais ne finissent-ils pas par céder et disparaître en *totalité* sous cette pression?

Je prétends démontrer par ce qui suit qu'ils cèdent et disparaissent en totalité sous une pression prolongée.

Que devient alors l'impénétrabilité ?

« Les forces mécaniques, chocs, etc., converties en forces moléculaires, se transforment en chaleur, lumière, électricité, etc... Dans toutes ces conversions aucune force ne périt...» (1).

Je fais observer d'abord que les forces *méca-niques* ne sont que les forces matérielles et qu'elles deviennent toutes *résistance* quand elles sont opposées ; ensuite, que les chocs ne sont que des pressions plus ou moins courtes, c'est-à-dire des oppositions de forces. J'admets aussi que les forces mécaniques se transforment en chaleur et qu'elles ne périssent pas, mais encore, qu'elles ne naissent pas de rien.

Nous sommes donc conduits à conclure que la chaleur et l'électricité qui se produisent dans les chocs, les pressions, les torsions et les frottements ne sont que la transformation de la résistance des corps, et que cette résistance finit par s'épuiser sous une pression longtemps prolongée.

La chaleur n'est pas une vibration ou tremblement. Qu'est-ce qui démontre que les corps chauds soient tremblants?

Il est prouvé que la chaleur dilate les corps et que le froid les contracte. Si la chaleur était une vibration la dilatation serait due à une aug-

---

(1) *République Française*, 30 avril 1875. MM. Bain, Spencer.

mentation de vibration , et la contraction, une diminution de vibration. Mais alors toute dilatation serait accompagnée d'une augmentation de chaleur, et toute contraction, d'une production de froid. Or, l'expérience prouve, au contraire, que la contraction est souvent accompagnée de chaleur et la dilatation , de froid. Donc cette chaleur et ce froid sont autre chose que la vibration.

On admet que l'espace infini est occupé tout entier par une matière très-fluide nommée *éther*. Souvent encore on suppose un autre fluide nommé *calorique*. Mais selon toute apparence, ces deux fluides n'en sont qu'un seul.

La lumière est due aux *vibrations* de l'éther ou calorique, mais la chaleur est due à la *quantité* de ce fluide , à son élasticité, ou à la dilatation qu'il exerce sur lui-même et qu'il communique aux autres corps.

En s'accumulant dans ces derniers, il les dilate, les liquéfie et les volatilise ; en s'en échappant il les contracte, liquéfie les gaz et solidifie les liquides.

La sensation de chaleur est produite par la dilatation que le calorique exerce dans nos membres quand il s'y accumule et la sensation de froid, par la contraction qui s'y produit quand le calorique s'en échappe.

Lorsqu'on frappe ou comprime à coups de marteau un morceau de fer, ce fer paraît s'échauffer et, par conséquent, émet ou perd du calorique. Ce fluide n'est point créé par le choc, il existe dans le fer à l'état latent, ce n'est autre chose que la force ou résistance du métal transformée par le choc ou compression.

D'ailleurs, les fluides calorique, éther, électricité, sont émis aussi longtemps que dure la percussion, le frottement ou la compression, et quel que soit le corps que l'on prenne au lieu du fer.

L'émission a lieu par la pression continue quoique beaucoup moins sensiblement que par la percussion ou pression intermittente.

Il faut donc conclure que, sous un frottement ou une compression longtemps prolongés, la résistance et le volume des corps diminuent jusqu'à se réduire à *rien*, et que les fluides calorique, éther, électricité sont les premiers éléments de toute matière.

Il n'y a point d'espace absolument vide, sauf le vide compris entre les prétendus atomes de l'éther.

Si l'éther était un composé d'atomes, c'est-à-dire de corps indivisibles, impénétrables, incompressibles et remplissant l'espace, comment la résistance éternelle de ces corps n'aurait-elle pas arrêté la marche des astres ?

Tout corps qui ne posséderait aucune force de résistance ne serait qu'une forme vide ; la

résistance est donc une propriété essentiele de
la matière.

Il faut donc admettre, ou bien que l'éther est
une force sans matière, ou bien que la matière
est toujours poussée par l'Esprit.

Il existe peut-être des corps qui résistent les
uns aux autres sans résister à ceux que nous
connaissons et qui, par conséquent, composent
des mondes inconnus et invisibles pour nous.

Ce que l'on nomme *calorique latent* n'est que
de l'éther retenu en combinaison.

Le *calorique libre* est celui qui, n'étant plus
retenu, s'échappe en vertu de sa force de répulsion et tend à se répandre.

A mesure qu'il s'échappe il imprime à la
masse d'éther environnante une série de secousses ou vibrations et repousse cette masse dans
le sens d'un rayonnement dont le centre est le
point d'émission. On le nomme alors *calorique
rayonnant.*

Lorsque les secousses ou vibrations de ce
fluide acquièrent une certaine rapidité et
viennent frapper les yeux, il se produit la sensation de lumière.

La transparence prouve que les corps ne
sont pas composés d'atomes ; car ces atomes
seraient nécessairement impénétrables, ceux de
l'éther ne pourraient traverser les autres, la
lumière et la chaleur, ne pourraient traverser

7.

aucun corps. On ne saurait admettre des *pores* qui livreraient passage aux fluides, puisque les corps les plus légers, qui seraient les plus poreux, seraient aussi les plus transparents : le diamant serait opaque et le charbon serait diaphane.

L'électricité résineuse attire l'électricité vitrée et les deux électricités se combinent.

Le résultat de leur combinaison n'est autre chose que l'éther ou calorique.

L'électricité produit de la chaleur en courant dans les fils métalliques parce qu'elle y rencontre une certaine quantité d'électricité contraire et compose un calorique qui s'acccumule rapidement dans un espace étroit.

La chaleur, la lumière et l'électricité qui se dégagent pendant la combustion sont fournies par l'oxigène, qui abandonne rapidement, en se contractant sur le carbone ou les autres combustibles, une grande quantité de calorique latent et d'électricité latente.

L'électrisation par influence, en décomposant le calorique, produit un refroidissement.

La grêle résulte d'une électrisation par influence.

ÉLECTRICITÉ DU CERVEAU.

Quoique mon cerveau soit, avec mon sang, mon cœur et mes poumons, la condition de ma pensée, mon cerveau, mon sang, mon cœur, et mes poumons ne sont pas moi.

Cependant on dit *moi* pour dire *mon corps* comme on dit *moi* pour dire *ma maison, ma barque, mon jeu.*

Moi est une âme, et l'âme n'est dans aucun lieu.

On peut dire que notre corps appartient à deux âmes dont l'une est l'âme universelle. Leur volonté meut directèment une matière qui joue dans l'organisme le rôle de la vapeur dans les machines.

Cette matière est l'électricité.

Le cerveau en est le principal réservoir. Les nerfs en sont les conducteurs. Le sang la fournit au cerveau et la puise avec le calorique dans l'oxigène de l'air, où elle existe abondamment à l'état latent, comme ce calorique.

Les mouvements, la volonté, l'attention, les sensations correspondent à une émission d'électricité cérébrale.

Pendant les mouvements, l'électricité partant du cerveau est conduite par les nerfs dans les fibres musculaires, qui alors se raccourcissent et se tendent.

Quand elle diminue dans son réservoir, jusqu'à un certain point, il y a souffrance et fatigue mentale. Le froissement des fibres produit une autre fatigue.

Pendant les mouvements rapides, tels que la

course, la respiration s'accélère pour fournir l'électricité dont le sang, le cerveau et les muscles font alors une plus grande consommation.

Aussi, quand la respiration devient insuffisante, la force s'épuise, la syncope et même la mort peuvent se produire.

Le travail de la digestion s'oppose à celui de l'esprit parce que l'un et l'autre puisent à la même source de force électrique.

Les nerfs autres que les nerfs moteurs ne conduisent pas d'électricité du cerveau vers les muscles, mais ne transmettent pas de sensations. Ils sont destinés à produire dans le cerveau un mouvement électrique auquel correspond une sensation ou modification de l'âme.

Le nerf acoustique, par exemple, ne transmet pas de bruit au cerveau, mais seulement y détermine un mouvement d'électricité auquel correspond le bruit, phénomène purement mental et qui n'a pas de lieu.

Il ne faut pas s'imaginer, cependant, que l'électricité soit la chose qui sent et qui pense. L'âme n'est ni le sang, ni le cerveau, ni l'électricité.

CHALEUR CENTRALE.

Tous les corps sont soumis à la pression qui résulte de leur propre poids. Ils émettent d'autant plus de calorique et de lumière que leurs

parties intérieures sont plus fortement pressées.

La cause de la chaleur et de la lumière des
soleils n'est autre que la pression énorme que
leurs parties centrales ont à supporter.

La Terre et les planètes sont moins chaudes
parce qu'elles sont moins grosses.

On sait que les soleils et les planètes se
refroidissent ; il faut donc admettre une cause
pour les échauffer.

Qu'elle est cette cause ? Pourquoi le refroidissement n'arrive-t-il pas à un terme ; pourquoi
la température ne s'égalise-t-elle pas sur tous
les points de l'espace ?

On ne peut répondre à ces questions sans
admettre les principes de la thèse que je sou-
tiens, et que les observations suivantes
viennent encore appuyer.

Quand on regarde le ciel pendant les nuits
claires on aperçoit souvent des étoiles filantes.
Ce sont des astéroïdes, ou petits astres, qui circulent en essaims innombrables dans l'espace
infini. Nous ne pouvons apercevoir que ceux
qui viennent passer dans notre atmosphère.
Cependant ils composent peut-être les nébu-
leuses, la chevelure des comètes, la lumière
zodiacale et même les aurores boréales.

Quelques-uns tombent sur la terre et en
augmentent la masse. On les nomme alors

aérolithes et poussières cosmiques. Ils tombent
sur toutes les planètes en nombre d'autant
plus grand qu'elles ont plus de volume et de
poids.

Le Soleil et les étoiles reçoivent, beaucoup
d'aérolithes ou astéroïdes.

La chute de ces corps n'est point un accident
temporaire, mais un phénomène qui se reproduit éternellement et qui, par conséquent, peut
accumuler des masses mille fois plus grandes
que le Soleil.

Il faut donc une cause qui, d'un côté, diminue
le volume des astres, et de l'autre, renouvelle
éternellement les astéroïdes.

Cette cause ne peut être que la transformation, par la pression, des corps pesants en
calorique ou éther, transformation dont nous
avons déjà parlé.

Les aérolithes et les poussières cosmiques
sont donc une sorte de combustible qui alimente
la chaleur et la lumière des soleils.

Quant à la manière dont se forment les
aérolithes elle m'est inconnue: il faut pourtant
admettre qu'ils sont formés par l'éther.

Il paraît prouvé que la terre était autrefois
plus chaude. Elle était donc plus grosse et plus
pesante ; elle a donc perdu par l'émission de
son calorique plus qu'elle n'a gagné par la
chute des matières cosmiques.

A mesure qu'elle se refroidit elle se contracte, sa surface s'affaisse, se rompt et semble se soulever dans les parties rompues. Car il est évident qu'il ne peut y avoir soulèvement de montagnes s'il n'y a dans les plaines affaissement en compensation.

Il se dégage au centre de la terre une chaleur ou calorique libre capable de fondre et de vaporiser toutes les matières connues ; cependant ce centre n'est, en majeure partie, ni liquide ni gazeux : d'abord parce que les gaz et les liquides sont en général moins pesants que les solides et tendent à gagner la surface ; ensuite parce que la chaleur centrale, étant le produit de la pression et de la contraction, ne saurait vaincre cette pression et produire une dilatation, une liquéfaction et une vaporisation.

Cependant, comme la masse centrale diminue constamment par l'émission du calorique, certaines parties moins pressées de cette masse, entrent en fusion et produisent les volcans et les tremblements de terre.

Il est probable que la partie supérieure de notre atmosphère se compose d'hydrogène ou autre gaz léger.

Tous les corps se vaporisent d'autant plus qu'ils sont plus chauffés et moins pressés. Quand la pression est nulle ils se vaporisent tous, plus ou moins, quelle que soit la température. La lune et les moindres astéroïdes ont donc tous leur atmosphère.

Les centres des astres et les espaces éthérés sont les laboratoires perpétuels d'une chimie inconnue. Tandis qu'il y a, par exemple, dans le Soleil de la glace chauffée au rouge, on voit courir dans l'espace des comètes formées de vapeur de carbone plus froide que le mercure gelé.

Le Soleil doit se composer, d'abord, d'un noyau solide extrêmement chaud, ensuite, de plusieurs couches superposées de divers liquides, et enfin, de plusieurs atmosphères de densités différentes.

Océans de feux et de flammes, peuplés d'une infinité d'êtres vivants.

XXVIV

LA CAUSE DU MOUVEMENT

Mens agitat molem.

Les physiciens distinguent le mouvement relatif du mouvement absolu, le repos relatif du repos absolu ; mais en réalité tous les mouvements et tous les repos sont relatifs. Le mouvement n'est que l'augmentation ou la diminution de l'espace qui sépare les corps. Il est vrai que le Ciel tourne autour de la Terre comme il est vrai que la Terre tourne.

L'attraction n'est que le rapprochement des corps ; mais la cause de cette attraction n'est pas dans les corps.

Que signifie le mot *inertie ?* Il signifie que la matière n'est pas la cause du mouvement.

En effet, la matière n'est autre chose qu'un

qu'un phénomène de résistance (1) et le mouvement n'est que la production successive de ce phénomène en divers lieux ; la matière et son mouvement sont donc l'effet d'une cause qui n'est pas la matière.

Quelque rares que nous paraissent les rencontres des corps qui circulent dans l'espace infini, ces rencontres se reproduisent constamment et suffiraient pour arrêter tôt ou tard le mouvement de l'univers.

L'attraction universelle tend ou semble tendre à un équilibre stable et une immobilité définitive. Cependant le mouvement de l'univers ne cessera pas et l'on ne pourra jamais l'expliquer sans admettre d'autres forces que celles de la matière.

Laplace avait donc tort de dire qu'il n'avait pas besoin de l'hypothèse de Dieu.

Après nous avoir démontré que « l'énergie » se conserve, les positivistes veulent nous démontrer qu'elle ne se conserve pas. Voici à quelle conclusion ils arrivent :

« ... Il ne reste pas moins qu'une partie de la

(1) « La matière, dit M. Bain, n'est rien de plus que la résistance et la force. La force n'est que la matière en mouvement, propageant le mouvement ou s'opposant au mouvement. » Donc la matière n'est que le mouvement. En effet, les couleurs et la lumière, les bruits, les odeurs, le tact, la chaleur et la résistance sont le résultat du choc ou du mouvement, et sont en même temps les attributs essentiels de la matière.

chaleur du soleil... finit par être dissipée dans les espaces célestes à l'état de chaleur rayonnante. »

« De cette dissipation continuelle d'énergie que résulte-t-il nécessairement ? C'est que la température des divers corps de l'univers tend à s'égaliser... Mais qu'est-ce donc que l'égalisation de la température de tous les corps, si ce n'est la cessation de tout mouvement, de toute transformation, de toute activité ? C'est donc à cette fin dernière que tend l'univers entier. . . . . »

« Les objections qu'on a pu faire à cette conclusion (et on en a fait bien peu) ou sont purement hypothétiques ou ont été facilement réfutées. » (1)

En voici une qu'on ne réfutera pas.

Pour mettre fin à tout mouvement ou à toute vitesse qui diminue il suffit d'un temps limité et déterminé. Quelque grande que puisse être cette vitesse elle ne peut pas être infinie, et quelque lente qu'on suppose la diminution, cette diminution commence toujours à une époque pour finir à une autre, mais ne saurait durer depuis une éternité.

Diminuer une vitesse ou un mouvement depuis une éternité c'est aussi impossible, aussi absurde que de soustraire le nombre mille du nombre deux.

_____

(1) Journal le *Siècle*, 27 juin 1875. Feuilleton.

Il n'est donc pas vrai que *l'univers entier* tende à la cessation de tout mouvement.

Les positivistes ne tiennent compte, dans leur calcul, que des forces physico-chimiques, qu'ils croient connaître, mais il existe une force ou cause qu'ils ne connaissent pas et qui non seulement fait marcher les corps, mais encore les fait exister et résister.

Et cette cause, qui n'est pas un corps, est un Esprit.

FIN

TABLE

—

Roanne. — Imp. Roannaise, place de l'Hôtel-de-Ville.

www.ingramcontent.com/pod-product-compliance
Lightning Source LLC
Chambersburg PA
CBHW050114210326
41519CB00015BA/3959